DES AMERS

PAR

E.-ED. LECLERC

DOCTEUR EN MÉDECINE

MONTPELLIER
IMPRIMERIE CENTRALE DU MIDI
(HAMELIN FRÈRES

—

1888

DES AMERS

PAR

E.-ED. LECLERC

DOCTEUR EN MÉDECINE

MONTPELLIER
IMPRIMERIE CENTRALE DU MIDI
(HAMELIN FRÈRES)

—

1888

A MON PÈRE ET A MA MÈRE

A MON FRÈRE

A MES PARENTS

E.-E. LECLERC.

A MONSIEUR LE DOCTEUR GUÈS

Médecin en chef de la Marine, Professeur de Clinique médicale,
Chevalier de la Légion d'honneur.

A MES AMIS

E.-E. LECLERC.

A MON PRÉSIDENT DE THESE

MONSIEUR LE PROFESSEUR HAMELIN

Chevalier de la Légion d'honneur.

E.-E. LECLERC.

1

INTRODUCTION

Les amers constituent une classe de médicaments qui ont donné et donnent encore lieu à de nombreuses controverses. Mais, si la lumière est loin d'être faite sur leurs propriétés physiologiques, on connaîtrait mieux cependant leurs applications thérapeutiques. Ce qui n'a pas peu contribué, d'ailleurs, à rendre l'obscurité encore plus grande, c'est que, dans ces dernières années, des expériences ont été faites en Allemagne sur les animaux et *in vitro*, et les expérimentateurs se sont trouvés en opposition complète avec les résultats cliniques. Il est impossible néanmoins de révoquer en doute tous les auteurs qui ont signalé les amers comme utiles dans les maladies du tube digestif, et les expériences en question, pour si bien faites qu'elles aient été, ne prouvent pas grand'chose contre l'observation des faits.

Quoi qu'il en soit, si nous avons choisi la question des amers comme sujet de notre thèse inaugurale, c'est que d'abord, si nous consultons les auteurs, nous trouvons le plus souvent cette question laissée dans l'ombre, et il nous a paru utile, en remontant aux sources les plus autorisées et d'après quelques observations personnelles, de présenter d'une façon résumée ce qu'on doit penser des amers; et que, ensuite, nous avons songé à ranger, dans une classification choisie et modifiée par nous, les amers récemment signalés au monde médical (Kolas, Doundaké, M'Bentamaré, Quinquinas, Piton et Caraïbe, etc.), en nous

basant autant que possible sur leur composition chimique et leur analogie d'action avec les amers indigènes. Heureux si nous avons pu réus-
sir en partie dans la tâche difficile que nous nous sommes imposée!

Nous prions M. le docteur Guès, médecin en chef de la marine, professeur de clinique médicale à l'École de médecine navale de Roche-
fort, de vouloir bien accepter l'expression de notre profonde reconnais-
sance pour les notes qu'il a laissées à notre disposition.

Tous nos remerciements à nos excellents amis Sambuc et Combemale, pharmaciens de la marine, pour les renseignements qu'ils nous
ont si obligeamment fournis.

Qu'il nous soit permis, en terminant, d'adresser à M. le professeur
Hamelin l'expression de notre vive gratitude, pour l'honneur qu'il nous
a fait en acceptant la présidence de notre thèse.

DES AMERS

DÉLIMITATION ET DÉFINITION

On a réuni sous le titre d'*amers* un nombre de substances présentant cette commune propriété: l'amertume; mais c'est là un caractère unique, et nous voyons aussitôt combien sont arbitraires ces classifications systématiques basées sur un seul caractère, car les amers ainsi compris embrassent côte à côte des substances différant absolument entre elles, ne pouvant être comparées ni au point de vue physiologique, ni au point de vue thérapeutique. Bien plus, certains auteurs, étendant au delà du règne végétal le cercle des substances amères, ont cru pouvoir faire entrer dans leurs classifications des sels minéraux offrant la propriété d'être amers.

Il est donc de toute nécessité que nous établissions une limite dans la classe des médicaments amers, et que nous ne fassions pas entrer dans son sein toute substance douée d'amertume. Évidemment, les médecins qui ont employé les premiers ce titre général d'amers ont entendu ne comprendre dans ce groupe que les médicaments qui ne peuvent entrer par une propriété spéciale distincte dans aucun autre. Nous ne serons pourtant pas aussi exclusif, bien que nous ne croyions pas devoir suivre l'exemple de Louis Hébert (in *Dict. prat.*), qui parle d'amers antispasmodiques, controstimulants, fébrifuges, etc. A ce compte, toute la matière médicale y entrerait, et la classe des amers rencontrerait au moins un spécimen de chaque classe de médicaments.

Nous ne pouvons d'ailleurs nous restreindre aux amers purs, aux amers francs, amers proprement dits de quelques auteurs. Outre que leur délimitation n'est pas nette, nous éloignerions d'eux des substances qui ont des caractères analogues.

Nous rangeant ici sous l'autorité de Rabuteau, nous définirons avec lui les amers : « des médicaments d'origine végétale, ayant une propriété organoleptique commune et des propriétés physiologiques et thérapeutiques analogues, comparables. »

L'amertume, à vrai dire, est le seul caractère bien net des amers. Nous voulons dire par là que la chimie ne peut pas définir l'amertume ni l'admettre à *priori*; nos organes seuls ont qualité pour cela. Ils constituent un réactif sensible, qui va nous donner d'autres caractères. La chimie, cependant, ne peut pas se désintéresser; elle nous prouve que toutes les substances amères végétales sont azotées (alcaloïdes), et qu'en faisant intervenir de l'azote dans l'acide phénique on le transforme en acide picrique (amer jaune de Welter). Mais, si c'est là un caractère général, il n'est pas constant, car les glucosides ne sont pas azotés et peuvent être amers (digitaline). (Guès.)

CLASSIFICATION

Le premier essai de classification fut tenté par Greeves, qui établit systématiquement deux grandes catégories d'amers : les odorants et les inodores.

Guillemin, s'appuyant sur ce fait, signalé par de Candolle, qu'il y a le plus souvent concordance entre les propriétés médicales des plantes et leurs caractères botaniques, fait cinq catégories de familles :

Amères pures (Gentiane, Simarouba, Urticées, Jasminées);
Amères âcres (Apocynées, Strychnées);
Amères astringentes (Rubiacées, Amentacées, Polygonées);
Amères aromatiques (Labiées, Synanthérées);
Amères cathartiques (Cucurbitacées, Liliacées).

Guersant les divise en :

Amers toniques (purs et astringents);
Amers stimulants;
Amers sédatifs;
Amers cathartiques.
Les trois premières classes sont très-naturelles :

Galtier-Boissière, Trousseau et Pidoux, Bouchardat, Fonssagrives, les décrivent dans un ordre méthodique, mais ne font pas de classification.

Hirtz considère des amers francs, astringents, aromatiques, fondants (cathartiques, mucilagineux), sédatifs.

Gubler les partage en cinq classes : francs, astringents, aromatiques, nauséeux (cathartiques), hypercinétiques (Strychnées).

Rabuteau et Turabian admettent des amers francs, astringents, aromatiques.

Martin-Damourette les classe de la manière suivante :

1o Purs (Quassia, Gentiane, petite Centaurée);

2° Astringents (Quinquina, Simarouba, Saule, Chardon-bénit, Colombo.

3° Laxatifs (Lichen, Chicorée);

4° Sudorifiques (Saponaire, Salsepareille);

5° Diurétiques (Alkekenge, Persil);

6° Aromatiques ou stimulants (Café, Camomille, Angusture, Absinthe, Noyer, Armoise, Tussilage, Germandrée, etc.).

Si nous ajoutons à cette classification :

7o Les sédatifs (Houblon, Laitue vireuse, Papavéracées), admis par Guersant, et

8o Les hypercinétiques ou spastiques de Gubler (amers âcres des auteurs, Strychnine, Coque du Levant, etc.), nous aurons ainsi une classification plus compliquée, mais aussi plus utile. C'est elle que nous nous sommes efforcé de suivre, en y introduisant quelques modifications.

I. — AMERS PURS

GENTIANE.— Gentiana lutea L., plante vivace. Gentianacées. Rouge en Allemagne (G. rubra), pourpre en Norwége (G. purpurea), ponctuée (punctata), croisée (cruciata), jaune en France (lutea), Bourgogne, Pyrénées, Cévennes, Puy-de-Dôme.

Partie usitée. — La racine, perpendiculaire, très-longue, grosse comme l'avant-bras, tortueuse, ramifiée. Est livrée au commerce en morceaux de la grosseur du pouce, durs, cylindriques, ridés, couleur brun foncé à l'extérieur, jaune à l'intérieur, d'odeur désagréable, de saveur amère très-franche. Récoltée à deux ans, mondée sans lavage, séchée à l'étuve.

Composition chimique. — 1o Gentio-picrin, matière amère, en masse résinoïde, incristallisable, très-soluble dans l'eau et l'alcool;

2° principe odorant fugace ; 3° principe inodore, insipide, obtenu en aiguilles d'un jaune très-brillant, le gentianin ou gentisin ; 4° sucre, pectine, gomme, caoutchouc ; 5° un tannin (découvert par M. Ville, agrégé à Montpellier), l'acide gentiotannique.

Pharmacologie. — Poudre, 1 à 4 grammes. Infusion, 5 grammes. Extrait, 2 à 4 grammes. Teinture, 2 à 8 grammes. Vin, 100 à 200 gr. Sirop, 10 à 100 grammes.

Entre dans l'élixir de Peyrilhe, le fébrifuge français, le remède du duc de Portland, etc.

QUASSIA AMARA L. — Arbrisseau de 2 à 3 mètres de haut. Bois amer de Surinam. Rutacées, Simaroubées (Surinam, Guyane). Le nom vient du nègre Quassi, qui l'a fait connaître. Plusieurs espèces (ferruginea, suaveolens, floribunda, guyanensis, amara, africana) (Baillon).

Partie usitée. — La racine, dite *bois de Quassia*, 3 à 5 cent. de diamètre et plus, cylindrique ; écorce mince, unie, blanchâtre, tachetée de gris, peu adhérente ; bois jaunâtre, léger, de fine texture ; amertume franche, pure, très-énergique, sans arrière-goût ; astringent ou aromatique.

Composition chimique. — Quassine ou bitterine, découverte par Winckler, neutre ; cristaux prismatiques, blancs, inodores, très-amers, solubles dans l'alcool, peu dans l'eau et l'éther. Huile volatile, pectine, fibres ligneuses, sels.

Pharmacologie. — Poudre (écorce ou bois) : 0 gr. 30 à 2 gr. Copeaux, faisant infusion ou macération, 2 gram. ; quelquefois gobelets (calices de bois de Surinam) mauvais, car moisissures au bout d'un certain temps et goût très-désagréable. Extrait : 10 à 50 cent. Teinture, 10 à 15 gr. Vin, 20 à 100 gr. Lavement : 15 à 30 gr. en décoction.

La quassine d'Adrian se donne en cachets à la dose de 3 à 5 centig. — Granules de quassine du professeur Burggraeve.

DOUNDAKÉ. — Sarcocephalus esculentus Afz. Rubiacées, tribu des Gardéniées, sous-tribu des Sarcocéphalées (Heckel), décrite par Afzé-

2

lius, pour la première fois, en 1824. En 1876, dans son esquisse de la flore et de la faune du Rio-Nuñez, M. le docteur Corre le signale à son tour comme amer pur, mais en émettant des doutes sur ses propriétés fébrifuges. En 1883, MM. Bochefontaine, Marcus et Feris (Comptes rendus de l'Académie des sciences, 23 juillet 1883, p. 271), annoncent la présence d'un alcaloïde, la doundakine, dans l'écorce du Sarcocephalus esculentus. — Trois ans plus tard (Archives de médecine navale, 1885-1886), MM. Heckel et Schlagdenhauffen, dans un travail très-complet, identifient le doundaké. Pour eux, la doundakine n'est pas un alcaloïde, mais un corps azoté, résinoïde, colorant.

Nous devons à l'obligeance de nos excellents collègues et amis MM. Combemale et Sambuc, pharmaciens de la marine, les renseignements suivants sur le Sarcocephalus esculentus :

Le Doundaké existe entre le Rio-Nuñez et Sierra-Leone. On le trouve dans le Rio-Pongo, le Rio-Dubreka, dans la Mellacorée, la vallée du Rio-Cassini. On le désigne en sousou sous le nom de *Doundaké*. Il porte en saracolais le nom de *Bati*, et en kassonkais celui de *Noumaré*.— On le trouve dans le Sénégal proprement dit, où les Yolofs le dénomment *Nandouk* et les Toucouleurs *Djadabi*. On en rencontre aux environs de Tamboukané, entre Kayes et Bakel, et de préférence dans les endroits humides, auprès des marigots. Un de nos collègues de la marine en aurait trouvé à Niagassola. Les Lambaras connaissent cette plante, qu'ils désignent sous le nom de *Bati*, et les Malenkais sous le nom de *Batio*. D'après les Dioulas, les Batis pullulent à Toukoulo, entre Badumbé et Kita. Or Toukoulo se trouve au confluent du Bak-Hoy et du Baoulé, ce qui prouve que le Doundaké aime les endroits humides. Le docteur Fras, médecin de la marine, en aurait trouvé dans la Tankisso et dans le Ouassalou, et à Siguiri et Sansondo, toutes deux villes sur le Niger. On le trouve enfin dans le bas Sénégal, dans toutes les localités humides du pourtour de la rade de Dakar-Rufisque, à Hann, à Thi-Arroye, à M'baou, à Joal. (Voir Sambuc : Contribution à l'étude de la matière médicale de la Sénégambie. Thèse de Montpellier, 1887, p. 49: Dans le Cayor la plante existe, mais pas partout.

La partie employée est l'écorce. — Cependant, d'après Çombemale, les noirs du haut fleuve se servent de la racine, qu'ils mastiquent ou dont ils font des tisanes pour guérir la dysenterie. Les feuilles seraient également employées au même usage. L'écorce des tiges est cependant plus en faveur.

Cette écorce desséchée se présente sous deux formes : plate (provenant des tiges et des gros rameaux) et roulée (provenant des rameaux de grosseur moyenne). Lisse, brun rosé à l'extérieur, blanche à l'intérieur, mais ne tardant pas à prendre au contact de l'air une teinte jaune orangé prononcée. Poudre jaune fauve; macération aqueuse jaune clair, odeur légèrement piquante, saveur amère.

Composition chimique. — D'après MM. Heckel et Schlagdenhauffen, la doundakine n'existerait pas en tant qu'alcaloïde cristallisable dans l'écorce du Doundaké. C'est un corps azoté, résinoïde, soluble dans l'alcool. A côté de lui on rencontre un second principe colorant soluble dans l'eau, sans saveur, de la glycosine et des traces de tannin.

Pharmacologie. — Décoction, 10 p. 300 (doit être prescrite à faibles doses d'abord). Extrait, 20 à 50 centigrammes. Vin, 60 gr.

La doundakine n'a pas encore été prescrite. C'est, d'après M. le professeur Feris, un poison du système nerveux : 3 centigrammes suffisent pour tuer un cobaye par arrêt de la respiration.

MENYANTHE ou TRÈFLE D'EAU. — Trèfle des marais, Trèfle de castor. Menyanthes trifoliata, Gentianacées. Habite les endroits humides (Europe, Asie centrale, Amérique du Nord).

Partie usitée. — Feuilles fraîches ou sèches.

Composition chimique. — Fécule, inuline ou menyanthine, principe extractif amer, gomme, albumine, résine, acide malique et acétate de potasse.

Pharmacologie. — Poudre, 60 centigrammes à 1 gramme; infusion, 2 grammes; suc, 30 grammes; extrait, 30 à 60 centigrammes.

FRÊNE AMER. — Bittera febrifuga. Bois de Saint-Martin. Bellauger.

Le Saint-Martin. Composition identique au Quassia. La bitterine, découverte par M. Gerardias, n'est autre que la quassine.

PETITE CENTAURÉE. — Erythrea centaurium Pers. Herbe du centaure Chiron. Gentianacées. Plante de 2 à 3 décimètres, très-commune en France dans les bois, les taillis, les prairies. Les variétés Conyza lobata et media se rencontrent à la Guadeloupe. (L'Herminier.)

Partie usitée. — Les sommités fleuries.

Composition chimique. — Erythro-centauréine, cristallisée en aiguilles, insipide, non azotée, passant du blanc au rose et au rouge vif, sous l'influence de la lumière. Matière amère. Matière céroïde.

Pharmacologie. — Poudre, 1 à 4 grammes; infusion, 10 grammes; extrait, 1 à 2 grammes. Vin, suc, teinture, sirop, etc.

COLUMBO. — Cocculus palmatus D.C. Ménispermées (même famille que la Coque du Levant, κόκκος, petite baie). Mozambique, Madagascar, Ceylan à tort.

Partie usitée. — La racine : tronçons de 5 à 8 centim., en rouelles de 3 à 5 centimètres de diamètre. Épiderme d'un brun verdâtre, épais, rugueux. Sur la tranche de section, on voit des zones concentriques; odeur agréable, saveur amère.

Composition chimique. — Amidon, colombine (corps neutre très-amer, cristallisant en prismes rhomboïdaux incolores). Matière albuminoïde. Colombate de berberine, huile volatile, quelques sels, pas de tannin.

Le Colombo est un des amers mucilagineux de Schraff, de Vienne. Il est vrai que l'amidon et la gomme peuvent lui donner quelques propriétés émollientes ; mais les vomissements qu'il cause à hautes doses et les résultats thérapeutiques le classent parmi les amers purs, et l'ont fait ranger, par quelques auteurs, parmi les astringents.

Pharmacologie. — Poudre, 1 à 5 grammes; infusion, 10 grammes;

extrait, 0,20 centigrammes à 1 gramme; teinture, 1 à 10 grammes.

BOLDO. — Pneumus Boldus. Boldoa flagrans. Importé en France en 1868-1869. Arbuste. F. Monimiacées, tribu des Hortomées. Croît au Chili, sur tout le long des haies.

Partie usitée. — Les feuilles.

Composition chimique. — Une essence. Un alcaloïde : la boldine, qui, d'après Dujardin-Beaumetz, porterait son action sur les reins. Un glucoside : la boldo-glucine. (Voir *Leçons de clinique thérapeutique* de Dujardin-Beaumetz, le Bulletin de la Société de thérapeutique, 1874; Verne, *Étude sur le Boldo*, Paris, 1883.)

Pharmacologie. — Teinture alcoolique, XX à C gouttes par jour.

CAÏL-CEDRA. — Kaya senegalensis Guill. Acajou du Sénégal. Cé-drelacées. Sénégambie. Étudié par Ruland, Duvau, Moutard-Martin. Arbre exotique élevé.

Partie usitée. — L'écorce, surnommée quinquina du Sénégal.

Composition chimique. — D'après Caventou, contient: un principe amer : le caïl-cédrin; trois matières colorantes, verte, rouge, jaune; gomme, amidon, ligneux; chlorure de potassium; essence aromatique.

Pharmacologie. — Teinture : écorce concassée, 250 grammes; alcool à 22°, 1 litre; vin, 120 grammes de teinture pour un litre de vin. Sirop par décoction sans clarification : écorce, 200 grammes; sucre, 1 kil.; Eau, q. s.

Dose comme fébrifuge : 1 gramme à 1 gr. 50 par jour.

PAREIRAS. — Racines, souches ou tiges amères, toniques, fébrifuges, provenant de Ménispermacées des genres Cissampelos et cocculus. Antilles, Guyane, Inde, Indo-Chine (Corre), Sénégal (Sambuc). Selon Hanbury, le Pareira brava du Brésil (Vigne sauvage en portugais) serait la racine du Chondodendron tomentosum, plante grimpante qui rappelle un peu la vigne et croît au Brésil.

Composition chimique. — Peu connue. Contiendrait un alcaloïde

particulier, la pelosine, analogue à la buxine, à la berbérine, à la paricine. (Fluckiger.)

La *partie usitée* dans le Pareira brava est la racine, inodore, amère, en fragments cylindriques tortueux, de 15 centimètres de long, de couleur brune.

Doses. — 20 grammes de racine dans un litre d'eau, à prendre dans les vingt-quatre heures.

BAKIS. — Cocculus Bakis, Trinospora Bakis (Miers) ; Ménispermacées. Plante vivace, dont la souche (partie usitée) se vend sur les marchés de St-Louis (Sénégal). La macération de Bakis est d'une amertume très-franche.

SANGOL. — Analogue au précédent. Nous l'avons vu employé par les noirs comme fébrifuge.

CHIRETTA ou CHIRAYTA. — Gentiana Chirayta Roxb. Chankalaga, Gentiana peruviana Lamk. Gentianacées. Croissent dans l'Inde. Excellents amers : succédanés de la Gentiane.

BEBÉERU.— Bibirou. Green-heart-wood. Bois à cœur vert. Nectandra Rodiei Schomburg. Laurinées. Guyane anglaise. Arbre.

Partie usitée. — Écorce, inodore, saveur très-amère, blanchâtre, unie. Se trouve dans le commerce en morceaux grisâtres de 6 à 8 millimètres, durs, fragiles, pesants.

Composition chimique. — Un alcaloïde découvert par Rodie, la bebéerine, analogue à la buxine, à la pelosine, à la parisine, cristallisée en fines aiguilles blanches, inodores, presque insolubles dans l'eau.

Pharmacologie.—Bebéerine, 1 gramme ; 1 gr. 50 à 2 grammes dans les fièvres. Succédané de la quinine.

CÉDRON. — Simaba Cedron Planchon. Arbre. Nouvelle-Grenade. Rutacées. Simaroubées.

Partie usitée.— Les semences.

Composition chimique.—Un principe particulier, la cédrine, fines aiguilles blanches, très-amer.

Pharmacologie.— Semences, 40 à 50 centigrammes par jour, comme tonique.

M'BENTAMARÉ ou FEDEGOSA. — Cassia occidentalis. (Heckel et Schlagdenhauffen, Archives de médecine navale, avril et mai 1887). Famille des Légumineuses. Arbre.

Partie usitée. — Les graines.

Composition chimique.— D'après Heckel et Schlagdenhauffen :

Corps gras et matières colorantes.	1^{gr}60
Matières colorantes et traces de tannin . .	5 022
Glucose	0 738
Matières pectiques, gommeuses et mucila-gineuses.	75 734
Matières albuminoïdes solubles et aleurone.	6 536
Celluloses, ligneux, etc.	

Pharmacologie.— Infusion ou macération, 4 grammes dans 400 gr. d'eau, à prendre en une seule fois; 10 grammes dans 400 grammes, en trois fois.

BERBERIS ASIATICA.— Berbéridées. Plante de l'Inde.

Partie usitée. — Écorce.

Composition chimique.— Berbérine, oxyacanthine.

COTO.—Chino-Coto. Arbuste, probablement de la famille des Quinquinas. Brésil.

Partie usitée. — Écorce, rougeâtre, odeur aromatique rappelant la cannelle, saveur amère.

Composition chimique.— Contient la cotoïne, alcaloïde? en prismes jaune pâle, de saveur amère.

Pharmacologie.— Teinture de Coto, V à X gouttes pour les enfants; XV à XXX, adultes. Cotoïne, 2 centigrammes en injection hypodermique ou en pilules.

CASCARA AMARGA.— Écorce amère, connue sous le nom d'*écorce de Honduras*, fournie par un arbre du Mexique, probablement de la famille des Térébinthacées. Écorce gris brunâtre, striée, brunâtre à l'intérieur, saveur amère.

Pharmacologie.— Extrait fluide, XL à L gouttes (Bardet et Egasse).

BONDUC. — Guilandina Bonduc L. Cæsalpinia Bonduc, Œil-de-chat. Légumineuses. Plante ligneuse à tige grimpante (Inde, Sénégambie, Amérique).

Partie usitée. — Les graines, que l'on pulvérise.

Composition chimique.—Résine amère, huiles, sels, albumine, amidon.

Pharmacologie. — Poudre de graines, 1 à 9 grammes par jour, en cachets médicamenteux.

ORANGES. — Citrus aurantium. Aurantiacées. Une variété sauvage des Antilles, l'orange âcre ou sûre, est très-employée en médecine populaire. Écorce fébrifuge (Pouppé-Desportes). Feuilles toniques, amères, prescrites en infusion dans les névroses, l'atonie digestive. On obtient par fermentation du suc exprimé des fruits un vin amer, tonique, apéritif (vin d'orange : nani, nama-avaa des Tahitiens. — Corre et Lejanne, Matière médicale). Bigaradier : France. Sirop d'écorces d'oranges amères.

POURPIER AMER. — Portucalacca pilosa. Portucalaçcées. Quinquina-Pays, Guadeloupe. Composition inconnue.

Pharmacologie. — On fait macérer 100 grammes de pourpier dans 150 grammes de tafia ou 900 grammes de vin. Doses, 60 à 100 gram. par jour.

QUINQUINA PITON ou CARAÏBE. — Exostemma floribundum, genre Exostemma, sous-genre Pitonia. Rubiacées. Quinquina de montagne, Quinquina Bardier, de St-Domingue, écorce de Ste-Lucie, bois tabac.

Arbre de 15 mètres de haut, nommé Piton, parce qu'il se trouve ordinairement sur le sommet des montagnes des Antilles.

Partie usitée. — Écorce, introduite en 1779 en France, par Radieu; compacte, pesante, roulée, grise au dehors, rouge brique au dedans, ridée, tortueuse. Saveur très-amère. Odeur forte.

Composition chimique. — Analysée par E. Caventou et M. Riffaud, pharmacien au Lamentin (Guadeloupe).

1° Extrait alcoolique se trouvant pour un tiers dans l'écorce; 2° une matière résineuse; 3° un principe amer résiniforme; 4° deux matières colorantes : une jaune, assez abondante; l'autre rouge, qui l'est un peu moins.

Pharmacologie. — On emploie surtout la décoction comme fébrifuge, dans les mêmes conditions que le Quinquina ordinaire.

MARGOSIER ou MARGOUSIER. — Melia azedarach L. Méliacées. Arbuste (Inde, Indo-Chine, midi de l'Europe).

Partie usitée. — Écorce, feuilles.

Composition chimique. — Principe amer cristallisable, l'azadirine (Piddington). Amer fébrifuge.

CARAPA GUYANENSIS. — Amer fébrifuge. Méliacées (Inde, Sénégambie).

TOULOUCOUNA Car. — Touloucouna Guill. Méliacées.

Partie usitée. — Écorce.

Composition chimique. — Principe amer, le touloucounin (Caventou).

Pharmacologie. — Peu connue. Est réputé fébrifuge en Cazamance. (Sambuc.)

HOUX. — Ilex aquifolium. Ilicinées.

3

Partie usitée. — Feuilles.

Composition chimique. — Cire, chlorophylle, matière très-amère. Sels de potasse et de chaux.

Pharmacologie. — Poudre de feuilles, 6 grammes.

Buis. — Buxus sempervirens. Buxacées. Principe amer, la buxine. Comme le houx.

Ajoutons aux amers déjà signalés les produits du Chêne : écorce, galles ; les produits du Saule, du Frêne, de l'Olivier (écorce), l'Artichaut, etc.

Ces substances amères, que nous laissons dans l'ombre, participent des propriétés chimiques et physiologiques des précédentes et peuvent, par le tannin qu'elles contiennent, avoir une certaine influence sur la marche et la durée des fièvres, en même temps qu'elles jouissent de propriétés stomachiques et toniques générales par leur extractif amer.

ACTION PHYSIOLOGIQUE DES AMERS PURS

L'action physiologique des amers purs a été connue de tout temps. Toujours on leur a attribué la propriété stomachique en même temps que la propriété tonique générale : ils augmentent la force des battements du cœur et du pouls, mais sans donner de fièvre. Rabuteau et Turabian (de Césarée) les ont étudiés expérimentalement sur eux-mêmes.

M. Tschelzoff, sur les conseils du professeur Botkin, s'est également efforcé de se rendre compte de leur action ; mais ses expériences, entreprises sur les animaux et *in vitro*, l'ont conduit à des conclusions beaucoup trop radicales. Pour lui, les amers, et en particulier les amers purs, ne seraient d'aucune utilité dans les maladies du tube digestif, ce qui est en opposition complète avec l'observation journalière des faits.

1° *Digestion.* — D'après Rabuteau et la plupart des auteurs, il y a augmentation de la sécrétion salivaire sous l'influence des amers, laquelle est surtout manifeste pendant le temps que l'on perçoit la sensation d'amertume. Pendant les chaleurs, cette hypersécrétion modère la soif; l'appétit est accru; il y a surtout fréquence du besoin d'aliments. Lorsque ce besoin n'est pas satisfait, il se produit des pincements, des aigreurs, provenant sans doute de la présence du suc gastrique dans le ventricule. Le suc gastrique est augmenté de quantité par effet réflexe et sympathique. On sait que, chez les chiens à fistule, il a été constaté que toute substance sapide, en accroissant la sécrétion salivaire, augmentait aussi celle du suc gastrique.

Que ce suc soit augmenté, nous le croyons, puisque les résultats thérapeutiques le prouvent et que M. Tschelzoff lui-même, si opposé aux amers, a constaté une légère augmentation de la sécrétion gastrique sous l'influence de faibles doses de substances amères; mais nous contestons l'explication de Rabuteau. Les amers, en effet, agissent sur l'estomac en dehors de leur action sur la muqueuse buccale, et il est probable que les expansions gastriques terminales du vague sont aptes à éprouver une sensation, nous ne dirons pas d'amertume, mais une sensation spéciale sous l'influence des amers. Ce qui nous fait admettre à *priori* l'action spéciale et directe sur l'estomac des amers purs, c'est que la poudre de Gentiane ou de Quassia, les extraits amers, agissent de même comme stomachiques, bien qu'il soient souvent donnés masqués dans du pain azyme.

Il est évident que la saveur amère comme l'astringente a besoin, pour être perçue en tant que saveur, de l'intervention de l'organe du goût; mais, cette saveur une fois constatée, les corps ayant l'amertume comme propriété, de même que ceux qui ont l'astringence, doivent impressionner d'une certaine manière l'estomac et lui imprimer des modifications parculières.

Une remarque à faire, c'est que les expérimentateurs, s'étant imposé un régime uniforme et monotone, n'ont jamais souffert de cette monotonie et n'ont point éprouvé de dégoût, grâce sans doute à cette stimulation de l'appétit et de la digestion.

C'est qu'en effet, et ceci vient encore en aide à notre manière de voir, l'action des amers ne se limite pas à la bouche et à l'estomac : il y a régularisation des selles, et ces effets sont surtout marqués chez les personnes habituellement constipées. Mais cette régularisation ne va jamais jusqu'à la diarrhée, ce qui sépare nettement les amers purs de notre 3ᵉ classe. A quoi est due cette hypersécrétion ? Hypersécrétion glandulaire analogue à celle de la salive, ou stimulation du plan musculaire ? Les deux probablement, surtout si l'on songe que le quassi amer, en injections sous la peau des animaux, produit des convulsions.

2° *Circulation, Respiration, Température.*— Les amers purs peuvent se diviser en deux classes : les toniques proprements dits et les toniques fébrifuges ; les premiers ne contenant que peu ou pas de tannin, les seconds en renfermant des quantités plus ou moins fortes et lui devant très-probablement leurs propriétés antipériodiques. Les toniques proprement dits n'impriment à la circulation, à la température, à la respiration, que des modifications insignifiantes ou nulles, mais leurs effets sont plus marqués chez les gens affaiblis. C'est une excitation tonique, n'allant jamais jusqu'à la fièvre ; le pouls prend plus de force et plus d'ampleur, la respiration diminue de fréquence tout en se faisant plus profondément, la température a son taux normal.

3° *Sécrétion et Nutrition.*— Nous venons de voir la sécrétion gastique. Pour M. Tschelzoff, la sécrétion pancréatique n'est nullement influencée. Quant à la bile, elle augmente légèrement de quantité sous l'influence des extraits d'absinthe, de ményanthe et de fortes doses de cétrarine. Les extraits de Quassia, de Colombo et de faibles doses de cétrarine n'ont aucune action sur la sécrétion biliaire. Quand il y a augmentation de celle-ci, elle doit être mise sur le compte de la masse d'eau ingérée. Sous l'influence d'un régime uniforme, la quantité d'urine s'est montrée légèrement accrue, ce qui est encore dû très-probablement au véhicule (infusion) de l'amer. Les modifications de l'urée seraient nulles ou accidentelles pour la plupart des auteurs. Pour M. Tschelzoff, qui a expérimenté sur les animaux l'extrait de Quassia et de Ményanthe, l'azote est excrété en faible quantité dans les urines ; mais, par contre, les matières fécales en contiennent davantage ; l'animal ou l'homme malade perd de son poids, et par conséquent la désassimilation est accélérée. Ici nous trouvons encore une source d'expérimentation. Le régime doit varier, en effet, en quantité suivant les besoins, et si à un anémique anorectique nous donnions les amers sans obéir à l'appétit qu'ils vont faire naître, nous irions à l'encontre de notre prescription.

Nous pouvons conclure de ces expériences que les amers purs ne sont pas des modérateurs de la nutrition; au contraire, ils sont des excitateurs de cette fonction. Nous verrons ailleurs le premier mode prédominer dans la sixième classe.

II. — AMERS ASTRINGENTS

Ici la chimie nous révèle dans la composition de ces substances des proportions plus ou moins considérables de tannin, qui, indépendamment de leur propriété d'amertume, leur communiquent un arrière-goût d'astringence caractéristique.

FRÊNE ÉLEVÉ. — Fraxinus excelsior L. Oléacées, arbre; croît en France. Quinquina d'Europe.

Partie usitée.— Écorce, feuilles.

Composition chimique.— Tannin; un glucoside : la fraxine, principe amer.

Pharmacologie.— Écorce, infusion ou décoction, 8 p. 100.

Fraxine : 60 à 90 centigrammes dans les névralgies de la cinquième paire, d'origine palustre (Ducrest).

QUINTEFEUILLE ou POTENTILLE. — Potentilla reptans L. Rosacées. Plante traçante comme le fraisier.

Partie usitée.— Racine, dont l'écorce est insipide et le cœur très-amer. Tannin, extractif amer.

Pharmacologie.— Poudre, 8 à 16 gr. ; décoction, 20 à 30 gr. de racine dans 500 grammes d'eau.

Entre dans la thériaque, l'eau générale, etc.

SAULE BLANC.— Salix alba L. Salicinées. Arbre. Croît en France, un peu partout, principalement dans les endroits humides.

Partie usitée.— Écorce.

Composition chimique.— Pelletier : Matière colorante jaune, amère, matière grasse verte ; tannin, magnésie ; acide organique, la salicine, isolée par Leroux ; glucoside, que l'on rencontre aussi dans le Peuplier (populine), blanche, cristalline, peu soluble dans l'eau froide, plus soluble dans l'eau bouillante.

Pharmacologie.— Décoction d'écorce de Saule : 30 à 60 grammes pour un litre. Vin d'écorce de Saule : 30 grammes pour un litre de vin rouge. La salicine est un succédané de la quinine, moins irritante que cette dernière pour l'estomac. Doses, de 1 à 3 grammes.

CLAVALIER.— Xanthoxylum clava-Herculis. X. caribæum. Xanthoxylées. Rutacées. Plante ligneuse coloniale.

Partie usitée.— Écorce, noire au dehors, jaune au dedans.

Composition chimique. — Contiendrait, d'après MM. Heckel et Schlagdenhauffen (Comptes rendus Acad. des scienc., 24 avril 1884), une résine, beaucoup de tannin, un principe cristallisable stupéfiant du système nerveux.

ANDRÈZE. Sponia madagascarensis. Celtidées. Réunion, Mayotte, Nossi-Bé. Écorce astringente, antidysentérique, fébrifuge.

ACAJOU-MAHOGON. — Swietenia Mahogoni. Cédrélacées. Antilles. Écorce tonique, amère, astringente.

ACORE ODORANT.— Acorus calamus. Inde. Aroïdées.

Partie employée.— Rhizome. Diarrhée infantile.

BAËL-BEL.— Ægle marmelos, Cræteva marmelos. Inde. Arbre sacré des pagodes.

Partie usitée.— Écorce de la tige.

Pharmacologie. — Décoction : 30 grammes pour un litre d'eau *in* fièvres palustres ; de même pour la racine et le fruit, qui est une hespéridie du volume d'un petit melon, présentant de six à seize loges, qui contiennent une pulpe jaunâtre et visqueuse. Péricarpe et pulpe contiennent : tannin, principe amer, huile volatile. Le fruit non mûr est coupé en tranches, séché et administré à la dose de 30 grammes ; très-efficace contre la diarrhée et la dysenterie.

Extrait de Bel, 10 à 30 grammes, deux à trois fois par jour.

Sirop de Bel, 30 à 40 grammes.

(Corre et Lejanne. Matière médicale coloniale).

BEJUCO. — Hippocratea scandens. Tannin, principe amer.

GUARANA.— Paullinia sorbilis Mart. Sapendacées. Arbrisseau. Croît sur les bords de l'Amazone.

Partie usitée.— Les graines, ou mieux l'extrait qu'on en retire et que l'on appelle Marana ou Guarana, du nom de la peuplade, les Indiens Guaranais, qui préparait jadis cette substance.

On broie ces graines, que l'on additionne d'un peu de cacao ou de fécule de manioc. On fait une pâte qu'on fait sécher sous forme de cylindres, d'un brun foncé, à cassure rouge, d'une odeur particulière, d'une saveur amère et astringente.

Composition chimique.— Gomme, amidon, résine, huile volatile, huile grasse, tannin, de la guaranine, qui n'est autre que du tannate de caféine.

Le Guarana est à la fois astringent par son tannin, tonique et stimulant par sa caféine (Gubler).

Pharmacologie. — Poudre, 1 à 4 grammes. Teinture alcoolique, 10 à 20 grammes.

Extrait, 4 à 5 décigrammes. Sirop, 45 à 60 grammes. Chocolat, pommade.

QUINQUINAS. — Rubiacées-Cinchonées. La classification de Guibourt

(*Hist. nat. des drogues simples*) fut longtemps celle connue, car on n'étudiait en France que les écorces des Quinquinas gris, rouge, jaune et blanc.

Le Codex fait remarquer que cette classification a le tort de désigner sous le nom de Quinquinas gris des écorces de nature et d'efficacité bien différente, puisque les jeunes Quinquinas ont toujours l'écorce grise.

Planchon (in *Dict. encyclop.*) donne trente-cinq espèces, qu'il caractérise en huit groupes, suivant leur provenance; mais aujourd'hui la culture des Quinquinas les a transplantés dans de nouveaux pays.

Avec M. le Dr Héraud (*Dict. des plantes médicinales*, p. 408), nous décrirons les trois sortes admises par le Codex de 1866 :

1° *Quinquina gris huanaco* (Gris brun de Lima), fourni par le Cinchona micrantha, arbre de 6 à 10 mètres. Écorce à forme de tubes régulièrement cylindriques, de 5 à 20 millimètres de diamètre ; les petits tubes sont recouverts d'un épiderme finement fendillé, d'un gris un peu bleuâtre et bien adhérent au liber, qui est compacte, rougeâtre, et comme formé de couches agglutinées. Les grosses écorces sont extérieurement d'un gris blanchâtre, ont les fissures plus prononcées et présentent en outre, de distance en distance, des fentes transversales plus marquées.

Le liber est généralement peu épais, d'apparence ligneuse et d'un jaune foncé un peu orangé, qui se ternit avec le temps. Ce Quinquina donne 2 grammes de sulfate de quinine et de 8 à 10 grammes de sulfate de cinchonine par kilogramme (Delondre et Bouchardat).

2° *Quinquina jaune* royal, calisaya. Fourni par le Cinchona calisaya, arbre élevé.

L'écorce fournit deux espèces commerciales distinctes :

1° L'une, pourvue de son périderme, roulée sur elle-même en forme de tuyaux, provient des branches et des rameaux de l'arbre ;

2° L'autre, privée de son périderme, provient surtout du tronc et des gros rameaux. En plaques plates, plus épaisses.

La première sorte est devenue rare, et cependant sa richesse en alcaloïdes en fait un des meilleurs fébrifuges que l'on puisse employer.

Le Calisaya mondé est uniformément fibreux et composé de fibres courtes, qui s'introduisent facilement sous la peau ; il faut le prendre épais de 3 à 5 milligrammes, compacte, pesant, d'une couleur fauve uniforme et d'une forte amertume. Il doit donner 30 à 32 grammes de sulfate de quinine et 8 à 10 grammes de sulfate de cinchonine par kilogramme.

3° *Quinquina rouge.* — Nombreuses écorces, dont deux seulement sont officinales.

a) Rouge non verruqueux. Attribué au C. micrantha ou au C. nitida. Écorce présente tous les caractères du Quinquina huanaco. Quelquefois écorce roulée, ou d'autres fois morceaux cintrés.

b) Rouge verruqueux. — C. succirubra. Écorces roulées ou cintrées, ou en éclats de grandes dimensions, en partie privés de leur périderme. Celui-ci est remarquable par son épaisseur et la matière rouge pulvérulente dont il est principalement formé. On le reconnaît aux verrues dures et ligneuses placées à la surface du liber, et qui paraissent quelquefois à l'extérieur du périderme. Les deux sortes donnent 20 à 25 grammes de sulfate de quinine et 10 à 12 grammes de sulfate de cinchonine par kilogr.

Les quinquinas habitent presque tous les montagnes de la Bolivie, du Pérou, de la Nouvelle-Grenade et de l'Équateur, dans l'Amérique méridionale. On les trouve dans cette partie des Andes qui s'étendent depuis le Venezuela et la Nouvelle-Grenade par 10° de latitude nord, jusque dans la Bolivie et le Pérou, par 10° de latitude australe. La hauteur à laquelle on les rencontre est comprise entre 1,200 m. et 3,500 m. Les Quinquinas vivent en général isolés.

Composition chimique. — Les écorces de Quinquina doivent leur activité à un certain nombre de principes immédiats, que nous allons rapidement énumérer :

a) Alcaloïdes.— Quinine, cinchonine et leurs isomères, quinidine et cinchonidine, auxquels il faut joindre l'aricine. Quinicine, quinoïdine, cinchonicine, cinchinoïdine.

4

b) Acides. — Quinique, cinchotannique et quinovique, combinés dans le Quinquina avec la chaux et les alcaloïdes. L'acide cinchotannique, ou rouge cinchonique, est le principe astringent des Quinquinas.

c) Matières colorantes. — Rouge cinchonique, matière colorante jaune, matière colorante verte.

d) Substances neutres. — Gomme, amidon, cellulose.

e) Petite quantité d'huile volatile butyreuse, qui donne à l'écorce son odeur particulière.

f) Des sels minéraux. — Quinates, quinovates, cinchonates de chaux.

Pharmacologie. — 1° *Poudres.* — 3 espèces :

a) Jaune : Faite avec le quinquina gris ; très-astringente (débilité de l'estomac).

Doses : Quelques décigrammes à un gramme, jusqu'à 4 grammes au repas. (Tablettes avec rhubarbe, cannelle, opium.)

b) Jaune orangé. Quinquina calisaya. Très-amère ; lourde à l'estomac, contre les fièvres.

Doses : 8 à 12 grammes.

(Entre dans le bolus ad quartanam.)

c) Rouge brun. Quinquina rouge. Saveur astringente et amère. Antiseptique, Quinquina et charbon.

2° *Produits par l'eau.* — Hydrolés, extraits, sirops.

Macération, 30 gram. pour un litre d'eau. Tonique.

Infusion, tonique.

Décoction, 20 gram. pour un litre : la meilleure, tonique et fébrifuge.

Décoction acidulée : au vinaigre, à l'acide chlorhydrique, à la dose de 2 gram. par litre. Antiputride.

Lavements, 20 gram. de Quinquina gris ou jaune pour 250 gram. d'eau.

Extraits : mou ou de Quinquina gris, 2 à 4 grammes ; extrait sec de Lagaraye, 2 décigrammes à 2 grammes.

Sirop : se prépare avec la décoction ou l'extrait mou qui en provient, 30 à 60 grammes par jour.

3° *Produits par le vin, la bière, l'alcool.* — Vin de Quinquina du Codex, 50 à 100 grammes.

Vin de Quinquina composé, 20 à 100 grammes.

Teinture, 2 à 15 grammes.

Teinture composée ou vin d'Huxham, 5 à 30 grammes.

Extrait alcoolique, 3 décigrammes à 4 grammes.

Résine, extrait résineux de Montpellier, 3 décigrammes à 4 gram.

Bière, 30 grammes de Quinquina pour un litre.

Quinium (extrait de Quinquina épuré à la chaux, c'est-à-dire débarrassé par celle-ci de ses matières grasses et résinoïdes), 20 centigr. à 1 gramme, comme tonique ; 1 à 3 grammes, comme fébrifuge.

ACTION PHYSIOLOGIQUE DES AMERS ASTRINGENTS

Les amers astringents peuvent être considérés comme des substances jouissant : 1° de propriétés névrosthéniques et antipyrétiques dues à leurs alcaloïdes ; 2° de propriétés astringentes dont ils sont redevables à leur tannin ; 3° de propriétés stomachiques et toniques générales, que leur communiquent leurs alcaloïdes, leurs matières colorantes ou grasses ou résinoïdes, leur extractif amer.

Faire l'histoire physiologique des amers astringents, c'est faire celle des amers en général et du Quinquina en particulier. Nous avons déjà exposé la première ; nous serons bref pour la seconde.

Action locale. — Topiquement, le Quinquina est un tonique plutôt qu'un astringent. Il raffermit les chairs sans les tanner, avive les bourgeons charnus, anémie les tissus par resserrement des capillaires, jouit par son tannin de la propriété de coaguler l'albumine, est antimicrobien par ses alcaloïdes :

1° *Digestion.* — C'est un tonique des voies digestives, un stimulant de l'appétit. A fortes doses, aigreurs, pincements, sentiment de défaillance, souvent nausées et vomissement. Il provoquerait la constipation à doses faibles, purgerait par indigestion à doses massives.

Le foie n'est pas influencé par lui ; la rate, au contraire, se décongestionne, mais lentement ; enfin, c'est un stimulant de la nutrition.

2o *Circulation*. — A l'état normal et à faibles doses, modifications insignifiantes ou nulles sur le pouls. Chez les gens affaiblis, le pouls se relève, au contraire, en force et en fréquence ; et cette action tonique du Quinquina explique bien son action antipériodique, car il donne au système nerveux et circulatoire cette « stabilité d'énergie » dont parle Barthez.

Il est plastique, par son tannin probablement, car celui-ci, d'après Gubler, en stimulant les parois vasculaires, favorise et accélère la formation des globules sanguins.

Enfin, par ses divers principes immédiats, il est antiseptique, action qu'on ne peut encore s'expliquer, mais que viennent confirmer les résultats thérapeutiques.

3o *Respiration et calorification*. — Rien de particulier à noter.

4o *Innervation*. — Il produit, mais à un degré moindre que la quinine, des vertiges, des bourdonnements d'oreille, de la lourdeur de tête, de la titubation.

5o *Organes génito-urinaires*. — Pour Gubler (in comm.) le Quinquina, en sa qualité d'astringent et de tonique vaso-moteur, serait un agent efficace de la médication diurétique, dans les cas où l'oligurie dépend d'un état d'hyperémie ou de phlogose rénale.

III. — AMERS LAXATIFS

LICHEN D'ISLANDE. — Lichen islandicus L. Cetraria islandica Ach. Plante foliacée, sèche, comme cartilagineuse, formée d'expansions (thalles, thallus ou frondes) de couleur fauve, d'un brun verdâtre ou d'un gris roussâtre, plus pâles en dessous, divisées en ramifications, à lobes bifurqués et bordés de petits cils creusés en forme de gouttière.

Habite les contrées froides, montagnes de France.

Partie usitée. — Toute la plante, que l'on dessèche.

Composition chimique.— Très-complexe. Nous ne citerons que la lichénine ou amidon du lichen, blanche ou brune, insipide, se gonflant beaucoup dans l'eau froide, soluble dans l'eau bouillante, qui se prend en gelée par le refroidissement ; — le cétrarin ou matière amère, acide cétrarique, solide, incolore, inodore, cristallisable, peu soluble ; — du tartrate, du phosphate et du lichénate de chaux, de la matière sucrée, des corps gras, une matière colorante jaune (ces principes expliquant ses propriétés laxatives).

Pharmacologie. — Poudre pour tablettes. Tisane, 10 à 60 grammes. Si l'on traite le lichen par infusion, la plus grande partie de son amer disparaît dans les autres préparations et la plante fait alors partie de la médication émolliente ou analeptique. Sirop, gelée au quinquina, pâte avec sucre et gomme.

CHICORÉE SAUVAGE. — Cichorium intybus L. Synanthérées, Chicoracées. Plante herbacée; croît en France.

Partie usitée. — Feuille, racine, fruit.

Composition chimique. —Extractif amer. Chlorophylle, albumine, sucre, sels, nitrate de potasse.

Pharmacologie. — Infusion, 10 à 15 p. 1000. Suc, 30 à 120 grammes. Sirop, 30 à 120 grammes. Sirop composé à la rhubarbe, 30 à 40 gr. (enfants). Café-chicorée.

RHUBARBE. — Rheum officinale Baill. Polygonées. Plante originaire du Thibet, importée en France en 1867.

Partie usitée. — Tige aérienne et rameuse. Deux espèces de rhubarbe: Moscovie, Chine.

Composition chimique. — Amer de rhubarbe, rhubarbarin, rhumine ; matière jaune cristalline, tannin, acide oxalique amidon, principe sucré, pectine, sels, acide chrysophanique ; la phéorétine (résine)..

La rhumine est un mélange assez complexe ; la matière jaune, ou érythrorétine, est peu soluble.

Pharmacologie. — Poudre, 3 à 5 décigrammes comme tonique ; 2 à 4 grammes comme purgatif. Hydrolé, 8 p. 500.

Extrait aqueux, 15 à 30 centigrammes (stomachique), 1 à 2 gram. (purgatif). Teinture, 2 à 15 grammes. Vin, 5 à 40 grammes.

BERBERIS COMMUN. — Berberis vulgaris L. Épine-Vinette, Vinettier. Berbéridées. Arbuste rameux, de 1 à 2 mètres. Le long des bois, dans les haies. France.

Partie usitée. — Racine, feuilles, fruits.

Composition chimique. — Racine très-amère, contient deux alcaloïdes : berbérine, oxyacanthine. La berbérine est en aiguilles jaunes, fines, très-amères ; l'oxyacanthine est blanche, friable, cristallisable, très-amère aussi.

Les fruits contiennent : acides citrique et malique.

Pharmacologie. — Décoction, 8 p. 1000. Suc, exprimé des baies, 30 à 60 grammes. Sirop, 30 à 160 grammes. Berbérine, 20 à 70 centigrammes.

ALOES. — Suc épaissi, résineux, retiré des feuilles de plusieurs plantes appartenant au genre aloë, de la famille des Liliacées, originaires du Cap ou de l'Afrique tropicale.

Très-grand nombre d'espèces, dont trois principales :

1° Aloës vulgaire, des Barbades (vulgaris, perfoliata, barbadensis) ;

2° Aloës socotrin (socotrina) ;

3° Aloës en épi (spicata) ;

Au point de vue de la forme, on distingue trois variétés d'aloës : aloës lucide, hépatique, caballin. On en reconnaît également trois sortes au point de vue de la provenance : aloës de Socotora ou socotrin, des Barbades ou de la Jamaïque, du Cap.

Partie usitée. — Les feuilles, qu'on hache, qu'on pile, et dont on exprime le suc, qu'on fait épaissir par évaporation.

Composition chimique. — Matière colorante non purgative, l'aloé-tine; un corps cristallisé, l'aloïne, qui serait le principe actif? (Smith et Stenhouse).

Pharmacologie. — Poudre, 5 à 10 centigrammes (tonique), 1 à 6 dé-cigrammes (purgative). Associé le plus souvent, en pilules: au Quin-quina et à la Cannelle (pilules *ante-cibum*); à la gomme-gutte et à l'am-moniaque (pilules de Bontius); au Jalap et à la Rhubarbe (grains de santé de Franck); à la gomme-gutte et à l'essence d'anis (pilules d'An-derson); au savon médicinal.

En nature, sous forme de fragments, 1 à 6 décigrammes. Teinture, 1 à 2 grammes et plus. Teinture composée (élixir de longue vie), 5 gram-mes et plus. Entre dans l'élixir de Garus.

ACTION PHYSIOLOGIQUE DES AMERS LAXATIFS

Nous avons ici bien peu de chose à dire : ce sont des amers, et par-tant ils ont la propriété des amers purs. Toniques et stomachiques, ils sont surtout utiles dans les constipations opiniâtres avec anorexie et dyspepsie. Ce sont des toniques rafraîchissants, non échauffants. Une ressemblance vague a fait employer le Lichen contre les maladies pulmonaires ; mais on a voulu lui attribuer des propriétés spécifiques et le dépouiller de son amertume, qui déplaît à quelques malades. Ainsi préparé, il ne sert plus à rien, et ce n'est qu'un pauvre aliment. On pourrait lui trouver une bonne application en faisant servir sa ge-lée à dissimuler la chair crue, etc.

Quant à la Chicorée, son suc a fait partie du suc d'herbes dépurati-ves; fondante, elle est utile aux personnes ayant le ventre resserré. De même la Rhubarbe, si souvent employée pour exonérer l'intestin toutes les fois qu'il y a atonie de cet organe, et la berbérine, tonique et rafraîchissante.

Quant à l'Aloës, il participe à faibles doses des propriétés laxatives des précédents; à doses plus élevées, c'est un purgatif cholagogue; enfin, à fortes doses, c'est un drastique.

IV. — AMERS SUDORIFIQUES

SALSEPAREILLE. — Smilax medica. Asparaginées. Mexique, Nouvelle-Calédonie. Plante sarmenteuse.

Partie usitée.— La racine dite de Salsepareille, de deux mots espagnols (*zarza*, plante grimpante épineuse, et *parilla*, petite vigne). Plusieurs espéces: 1° de Honduras, ou plutôt de Vera-Cruz: bottes d'un mètre de long, fournies par des racines grosses comme une plume d'oie, ayant 2 mètres de long parfois, car elles sont repliées; surface grisâtre ou noirâtre par la terre qui y adhère, et offrant des cannelures longitudinales; Corps ligneux, blanc, cylindrique, presque insipide, et écorce amère, mucilagineuse, un peu âcre (officinale);— 2° rouge de la Jamaïque, semblable à la précédente, mais de couleur rouge terre; saveur et odeur plus manifestes;—3° caraque, et 4° du Brésil. Mauvaises sortes, malgré leur bonne apparence.

Composition chimique.— Résine âcre et amère, huile volatile, salseparine ou smilacine, matière solide en aiguilles, incolore, inodore, amère, neutre aux réactifs, plus soluble dans l'eau bouillante que dans l'eau froide, et communiquant comme la saponine à ce liquide la propriété de mousser par l'agitation; matière colorante gommeuse, tannin, amidon.

Pharmacologie.—Poudre, 10 centigrammes à 10 grammes; infusion et décoction, 50 grammes; extrait, 50 centigrammes à 1 gramme; sirop, 20 à 100 grammes; teinture alcoolique, vin, etc.; sirop de Cuisinier, rob Laffecteur, tisanes de Pollini, de Feltz.

SAPONAIRE.—Saponaria officinalis. Aspariginées. Même composition chimique, et pharmacologie identique à la précédente.

Smilace squine.— *Idem.*

Nous ajouterons à cette liste des amers sudorifiques le Xanthophyllum nitidum (Loureiro), f. des Xanthophyllées, qui croît en Cochinchine et qui a été signalée par Étienne comme diaphorétique (composition chimique et doses peu connues); le Bois de Fer de Cayenne, Robinia Panacoco, Légumineuses; enfin, pour quelques auteurs, la Pensée sauvage (Violariées) serait aussi un amer sudorique. Signalons aussi l'écorce de Mudar, provenant de la racine de deux espèces voisines de la f. des Asclépiadées : les Cœlotropis procera et gigantea (Inde, Perse, Abyssinie), contenant de la mudarine, peut-être analogue à la smilacine.

ACTION PHYSIOLOGIQUE DES AMERS SUDORIFIQUES

Ici nous nous trouvons en présence d'opinions fort diverses, et, par suite dans une obscurité très-grande.

Il semble résulter, cependant, de l'observation des faits, que ces amers jouissent des propriétés suivantes :

1° *Digestion.*— A petites doses, toutes ces substances ont une saveur amère; elles augmentent l'appétit, favorisent la digestion et la nutrition; en un mot, présentent toujours la propriété générale des amers. A doses élevées, elles déterminent des nausées, des vomissements et la prostration qui s'ensuit.

2° *Circulation, respiration, température.* — A petites doses, il y a à peine une légère diminution du pouls; mais, quand les doses ont été fortes, en même temps que les nausées et les vomissements il y a aussi un abaissement notable du pouls et de la température, accompagnant la prostration, ce qui s'explique si l'on admet, avec Eugène Pelikan, que la saponine ou les substances analogues, qui sont la caractéristique de ces amers, est un poison musculaire et même du cœur.

3° *Sécrétions.* — L'augmentation de la salive est constante, comme pour tous les autres amers, mais les auteurs ne sont pas d'accord pour les sécrétions de la peau et du rein. Les expériences physiologiques manquent ici. Cependant, bien que Trousseau et Pidoux disent que les quatre bois sudorifiques ne le sont pas, il nous paraît impossible de révoquer en doute tous les auteurs qui ont employé la Salsepareille comme sudorifique, et qui affirment ses propriétés à ce point de vue. Nous voulons bien que le véhicule chaud y soit pour quelque chose, mais nous croyons aussi à l'action sudorifique de la Salsepareille, de la Squine, de la Saponaire, et ce n'est pas sans raison que les sirops de Cuisinier, de Mittre, de Laffecteur, les tisanes de Feltz et de Pollini, ont passé pour provoquer la sécrétion sudorale et convenir dans les maladies cutanées et les manifestations dermiques des diathèses.

V. — AMERS DIURÉTIQUES

Pérsil.— Petroselinum apium ou sativum. Ombellifères.

Partie usitée.— Racine, feuilles, fruits.

Composition chimique.— Huile volatile, matière grasse butyreuse, pectine, chlorophylle, tannin, sels. Apiol : liquide jaunâtre, huileux, non volatil, insoluble dans l'eau, soluble dans l'alcool; saveur âcre et piquante, tenace et caractéristique. Découvert par Joret et Homolle dans les akènes du persil.

Pharmacologie. — Akènes, feuilles. Suc, 100 à 200 grammes; apiol, 0,50 à 1 gramme.

Alkekenge.— Coqueret, Physalis alkekengi, Cerise d'hiver. Plante annuelle. Solanées.

Partie usitée.— Tige, feuilles, baies. Les feuilles et les tiges constituent surtout la partie amère du Physalis; les baies sont diurétiques.

Composition. — Matière cristalline amère, neutre, la physaline; acide malique dans les fruits; gomme, amidon.

Pharmacologie.— Poudre de baies; calice, feuilles, 4 à 20 grammes;

baies fraîches, 6 à 20 grammes; infusion, 15 à 60 grammes; suc, 30 à 60; extrait, vin.

Sirop de chicorée composé, liqueur et pilules de Laville.

BUSSEROLE. — Arbousier Busserole, Petit Buis, Raisin d'ours, Uva ursi. Ericinées. Arbuste; montagnes d'Europe, d'Asie, d'Amérique.

Partie usitée. — Les feuilles.

Composition chimique. — Feuilles contiennent arbutine, principe amer, cristallisé ; glucoside, acides tannique et gallique, résine et gomme.

Pharmacologie. — Poudre, 2 à 8 grammes; infusion, 15 à 30 grammes; extrait, sirop.

L'arbutine se décomposerait complétement dans l'organisme, d'après Lewin, et éliminerait par les urines une substance qui, au contact de l'air, prend une coloration verte passant ensuite au brun. Cette substance est l'hydroquinone, à laquelle on attribue l'action spécifique de l'arbutine. Doses : 50 centigrammes à 2 grammes par jour, sous forme de cachets, en solution aqueuse, sirop, etc.

GENIÈVRE. — Juniperus communis. Cupressinées. Arbrisseau. Collines sèches et arides de la France, buissons.

Partie usitée. — Les fruits (cônes mous ou malacônes).

Composition chimique. — Huile volatile, cire, résine, sucre, gomme, matière extractive, sels de chaux et de potasse.

Pharmacologie. — Infusion, 10 grammes; eau distillée, 10 à 100 gr.; extrait ou rob, 1 à 10 grammes; huile volatile, I à X gouttes; gin (teinture alcoolique).

CHARDON BÉNIT. — Centaurea benedicta L. Composées, Carduacées. Midi de la France et de l'Europe. Région des oliviers.

Partie usitée. — Toute la plante fleurie.

Composition chimique. — Matière grasse verte, huile volatile, gomme, traces de soufre, nitrate de potasse, sels, cnicin.

Cnicin, neutre, blanc, très-amer, peu soluble dans l'eau, l'éther, les acides. Soluble *in* alcool et alcalis.

Pharmacologie. — Poudre, 1 à 4 gr.; infusion vineuse et aqueuse, 30 à 50 p. 1,000, par cuill. avant le repas; suc, 30 à 100 grammes; extrait, 2 à 4 grammes en pilules, bols; teinture, 2 à 5 gr.

ASPERGE.— Asparagus officinalis L. Smilacées. Plante de 2 à 3 décimètres. Croît spontanément dans tous les climats.

Partie usitée.— Racines et bourgeons.

Composition chimique. — Albumine, matière gommeuse, résine, matière sucrée, matière amère extractive, malates, chlorures, acétates et phosphates de chaux et de potasse. Dans les bourgeons, on trouve en plus de l'asparagine incolore, cristallisant en prismes droits. Ne paraît point être le principe actif de l'asperge.

Pharmacologie. — Racine: décoction, 15 à 60 p. 1000. Extrait, 1 à 4 grammes. Fait partie des cinq racines apéritives. Bourgeons. Extrait, 1 à 4 grammes. Sirop préparé avec l'extrémité du bourgeon (sirop de pointes d'asperge), 10 à 50 grammes.

PISSENLIT.— Dent-de-lion, Leontodon taraxacum, Taraxacum densleonis. Composées, Chicoracées. Dans tous les pays.

Composition.—Racine: matière amère, résine, sucre, gomme, acide libre, phosphates, sulfates et chlorhydrates de potasse et de chaux; un principe amer, la taraxacine, soluble dans eau bouillante, éther, alcool, cristallisable.

Pharmacologie. — Suc, 60 à 120 grammes. Extrait, 60 centigram. à 1 gramme. Se mange en salade partout.

FᵣRAGON ÉPINEUX, ou PETIT HOUX. — Rusculus aleatus. Smilacées.

Partie usitée. — Rhizome.

Entre dans le sirop des cinq racines. Les baies rouges de cette plante entrent dans l'électuaire Bénédict laxatif.

MABIT. — Colubrina reclinata (Brongniart), Ceanothus recninaltus

(L'Herminier), Rhamnus ellipticus (Swartz) ; f. des Rhamnées (v. Planchon, Stanislas Martin, *Bulletin de thérapeutique* du 5 août 1879). Iles
St-Martin, St-Barthélemy, Martinique. Arbrisseau ou petit arbre qui
croît à la Guadeloupe, et dont les parties employées (écorce) forment
des cylindres d'un centimètre de diamètre, gris brun, tachetés et ridés
dans le sens de l'axe à l'extérieur, lisses à l'intérieur, d'un jaune sale.
Pas d'odeur spéciale, saveur amère, d'où le nom de *Palo amargo* que
l'on a donné au Mabit dans son pays d'origine.

D'après MM. Planchon et Stanislas Martin, quand on mâche le Mabit, on a d'abord une sensation amère très-prononcée, qui disparaît
pour laisser la saveur sucrée du bois de réglisse.

Composition chimique. — Résine jaune foncé, odeur aromatique,
saveur très-amère.

On fabrique avec les écorces du bois de Mabit une bière agréable à
boire, tonique et diurétique, d'une couleur jaune clair, assez fortement
acide et rafraîchissante, dont voici la formule :

> Eau . . . . 9 litres.
> Mélasse de sucre de canne . . 1 gramme.
> Écorces de Mabit . . . . . . 15 —

(Voir Charles Arnaud, synthèse. Montpellier, juillet 1887.)

HYDRASTIS CANADENSIS L. — Plante d'Amérique. Renonculacées.

Partie usitée. — Souche, 4 centimètres de long sur 6 millimètres de
large ; odeur nulle, saveur amère ; gris sale au dehors, grisâtre au dedans.

Composition chimique. — Albumine, sucre, matière grasse, résine, huile volatile, berbérine, hydrastine (cristaux incolores très-
amers), xanthopuccine (cristaux orangés).

Pharmacologie. — Teinture, XX à XXX gouttes. Extrait fluide,
5 centigr. Hydrastine, 5 à 30 centigr. en pilules.

ACTION PHYSIOLOGIQUE DES AMERS DIURÉTIQUES

Les propriétés diurétiques de ces amers sont bien établies. Ils en sont redevables, soit aux sels de potasse qu'ils contiennent, soit à des principes particuliers. Ils possèdent à un degré moindre les propriétés des autres amers.

1° *Digestion*. — Les graines de Persil sont carminatives; les feuilles, les calices et les tiges d'Alkekenge sont franchement amers (physaline), les baies sont diurétiques. Les feuilles de Busserole et les baies de Genièvre offrent la même propriété à un plus haut degré. Elles déterminent une sensation de chaleur et de constriction dans la bouche et le pharynx, excitent l'estomac, et à haute dose l'irritent en produisant des nausées et des vomissements, action identique à celle des amers déjà vus. Les selles sont rendues plus faciles, surtout par l'Uva-ursi, ce qui semble extraordinaire à cause de sa proportion notable de tannin.

2° *Circulation, Respiration*. — Peu de chose à dire. Malgré Cazin et Gendron, qui avaient cru voir dans la physaline un succédané du sulfate de quinine, et bien que l'apiol produise une excitation cérébrale analogue à l'ivresse caféique et tannique (Joret et Homolle), c'est en vain qu'on a voulu les prescrire dans les fièvres à quinquina, comme succédanés de celui-ci.

3° *Sécrétions*. — Il y a augmentation de la sécrétion salivaire sous l'influence de ces amers. La sueur n'est probablement provoquée que grâce à la température du véhicule. Quant à la sécrétion urinaire, elle est si bien influencée qu'on s'est plu à considérer le Genièvre, la Busserole et l'Alkekenge comme nos meilleurs diurétiques.

Le Mabit, que nous avons expérimenté à la Guadeloupe, agit aussi d'une façon très-manifeste sur la sécrétion rénale; de même l'Hydrastis canadensis.

Il existe une obscurité très-grande quant aux modifications qu'é-
prouve l'urine sous l'influence des Asparaginées. On sait qu'elle ac-
quiert une odeur particulière, et ce doit être là une cause d'excitation
de la sécrétion, le principe odorant ne pouvant s'éliminer sans entraîner un fonctionnement plus actif de la glande.

Pour nous, considérant les propriétés amères des Asparaginées,
l'augmentation des diverses sécrétions par leur usage, nous sommes
porté à croire que, stimulants de la nutrition comme de la dénutrition,
elles activent le mouvement dénutritif, et par suite augmentent, en
même temps, la rapidité des échanges organiques et la quantité des
principes immédiats de la sueur et de l'urine. C'est peut-être là tout le
secret de leur action dépurative : rénovation moléculaire hâtée.

VI. — AMERS AROMATIQUES

CAFÉ. — Semences du Coffea arabica. Rubiacées-Cofféacées ; arbuste toujours vert, originaire de l'Arabie Heureuse. On le trouve aujourd'hui dans toute l'Afrique, les Indes, Bourbon, Mayotte, le Pérou,
le Brésil, la Guyane, le Venezuela, Costa-Rica et les Antilles.

Plusieurs espèces : Moka, Martinique, Bourbon, Cayenne, Saint-Do-
mingue, Ceylan, la Havane, Porto-Rico, Brésil, Java, Sumatra, et enfin
le Rio-Nunez.

Composition chimique. — Complexe : cellulose, substance grasse,
dextrine, légumine, caféine, acide végétal indéterminé, chloroginate
de potasse et de caféine, matières azotées, huile essentielle concrète
insoluble, essence aromatique à odeur suave soluble, matière miné-
rale (Payen).

Caféine alcaloïde inodore, blanc, aiguilles fines et soyeuses, amer.
Soluble dans l'eau et l'alcool. Acide chlorogénique, cafétannique,
caféique). Quand on torréfie le café, il se forme plusieurs corps, dont le
plus intéressant est une huile lourde, brune, provenant de la décom-

position du chloroginaté de potasse et de caféine, et qui donne son arome à la masse : le caféone.

Pharmacologie. — Infusion après torréfaction, 100 à 200 grammes pour 1,000. Un litre d'eau, agissant sur 100 grammes de café, dissout 15 grammes de substances solubles ; caféine, 40 à 50 centigrammes.

ANGUSTURE. — Galipea officinalis, Cusparia febrifuga, Rutacées-Diosmées.

Arbre de 15 à 20 mètres.

Partie usitée. — Écorce, en morceaux presque plats, amincis en biseaux sur les bords (ce qui la distingue de la fausse). Odeur nauséeuse, désagréable. La vraie Angusture est facile à couper et présente une surface extérieure jaune grisâtre, plane.

Composition chimique. — Matière amère, cusparine inusitée. Résine, gomme, huile volatile, pas de tannin.

Pharmacologie. — Poudre, 4 à 12 grammes ; infusion, 30 grammes; teinture, 4 à 8 grammes. Entre dans le vin de Seguin.

CAMOMILLE. — Romaine (Anthemis nobilis et communis), ou Matricaire (Synanthérées). Plante vivace, à souche un peu traçante.

Partie usitée. — Les capitules. On préfère, pour l'usage médical, les capitules où les fleurons ont été tranformés en demi-fleurons (fleurs en pompon).

Composition chimique. — Essence de consistance visqueuse, bleue, brunissant à l'air ; du camphre, un principe gommo-résineux et une petite quantité de tannin.

Pharmacologie. — Poudre, 5 à 6 grammes : infusion, 5 à 20 gram.; extrait, 50 centigrammes à 1 gramme ; eau distillée, vin, sirop, huile.

GERMANDRÉE.— Teucrium chamædrys. Labiées. Germandrée Petit-Chêne. Plante de 10 à 20 centimètres.

Partie usitée. — Toute la plante fleurie et desséchée.

Composition chimique. — Huile volatile et principe amer, celui-ci jaune brunâtre, résinoïde, faiblement alcalin, peu soluble dans l'eau, davantage dans l'alcool.

Pharmacologie. — Poudre, 2 à 4 grammes ; infusion, 10 à 15 gram.; extrait, 2 à 4 grammes ; eau distillée, 60 à 120 grammes.

Nous passons sous silence d'autres Labiées amères : Sauge, Marjolaine, Mélisse officinale, etc., dont les propriétés physiologiques et les applications thérapeutiques sont les mêmes. Toutes ces plantes contiennent un principe aromatique qui l'emporte sur le principe amer : ce sont des stimulants diffusibles faibles. La famille des Juglandées nous offre le Noyer, dont les feuilles sont aromatiques amères. Citons encore la Benoite, famille des Rosacées, qui peut se ranger à la fois dans les aromatiques amers et les astringents.

ABSINTHE OFFICINALE. — Arthemisia absinthium L., Grande Absinthe. Plante de 6 décim. à 1 mètre. Croît dans les lieux arides et incultes des régions centrales et méridionales de l'Europe. Acclimatée aux Antilles, où nous l'avons observée.

Partie usitée. — Les feuilles et les sommités fleuries. On préfère les feuilles, qui sont plus amères.

Composition chimique. — Huile volatile : deux matières amères, l'une azotée, l'autre résineuse; matière azotée insipide, chlorophylle, albumine, fécule, tannin, sels et entre autres de l'absinthate de potasse. L'huile essentielle est d'un vert foncé ; rectifiée convenablement, elle devient incolore. Le principe amer serait une matière encore assez mal définie, l'absinthine, se présentant sous forme de gouttes résineuses, soluble en partie dans l'eau, très-soluble dans l'alcool.

Pharmacologie. — Poudre, 1 à 2 grammes (tonique); 4 à 16 grammes (vermifuge); infusion, 5 p. 1000 ; vin, 30 à 125 grammes ; eau distillée, 25 à 100 grammes ; suc frais, 5 à 15 grammes ; huile essentielle, 50 à 100 grammes, en frictions sur le ventre comme vermifuge. On l'étend de huit fois son poids d'huile d'olive.

L'ABSINTHE MARITIME (Arth. maritima), l'Absinthe romaine ou pon-

6

tique (Petite Absinthe), Absinthium pontica, l'Armoise, etc. (Carth. vulgaris), présentent à peu de chose près la même composition et jouissent des mêmes propriétés.

CASCARILLE.— Croton eleuterie. Croton eleuteria Benn. Euphorbiacées. Arbrisseau de 6 à 15 décim. Croît à Eleuthère, aux îles d'Andros, à la Nouvelle-Providence.

Partie usitée. — Écorce, connue sous le nom de cascarille, quinquina aromatique, etc.

Composition chimique. — Principe amer, résine soluble dans l'alcool, gomme, acide benzoïque, cascarilline; huile essentielle, verte, de saveur aromatique et amère: c'est une substance alcaloïdique.

Pharmacologie.— Poudre, 1 à 4 grammes aux repas; infusion, 8 p. 1000; teinture, 2 grammes; extrait, 2 grammes. Fait partie de l'élixir antiseptique de Chaussier.

AYA-PANA. — Eupatorium aya-pana. Synanthérées. Originaire du bassin de l'Amazone; se rencontre aux Antilles, à la Réunion.

Partie usitée. — Les feuilles.

Composition chimique. — Huile volatile. Extractif amer.

Pharmacologie. — Infusion théiforme.

KOLAS AFRICAINS. – Le docteur Monnet, dans sa thèse de Paris (1884); M. le professeur Heckel, dans le *Journal de pharmacie et de chimie* de 1883; MM. les docteurs Huchard, Cunéo, Dujardin-Beaumetz (*Journal de thérapeutique* de 1884), signalent les Kolas comme prenant place à côté du Café, du Cacao et du Maté.

Kola, Gourou, Ombené, Nangoué, Kokkorokou, tous ces noms désignent sous les tropiques les graines d'un arbre de la famille des Malvacées, le Kola acuminata. Côte occidentale d'Afrique, entre Sierra-Leone et le Congo.

Partie usitée.— Les graines, oblongues, obtuses, subtétragones, à testa membraneux, rouge ou blanc jaunâtre. Saveur d'abord sucrée, puis astringente et amère. Leur mastication rendrait fraîche et agréable, au dire des indigènes, l'eau la plus chaude et la plus saumâtre.

MM. Heckel et Schlagdenhauffen lui donnent la composition suivante :

Caféine, 2,343. Tannin, 1,618. Corps gras.

Théobromine, 0,023. Matières protéiques, 6,761. Matières solubles.

Pharmacologie.— La Kola s'administre en infusions, 50 à 100 gr. de poudre de noix de Kola torréfiées pour un litre d'eau. Extrait alcoolique, 1 p. de Kola pour 5 p. d'alcool à 60°. Vin de Kola, 100 grammes de semences fraîches pour 500 grammes de vin blanc doux. En pilules : extrait alcoolique de Kola, 10 grammes ; poudre de Kola, qs. F. s: a. 100 pilules, huit à quinze par jour.

(Bardet et Egasse, Corre et Lejanne).

Le Cacao sous forme de théobromine, le Guarana de Guaranine ou tannate de caféine, le Maté (caféine), la fève Tonka avec la coumarine, la Coca avec la cocaïne, présentent la plus grande analogie avec la caféine. Nous les passons sous silence. Signalons également en passant l'herbe à cornette de la Martinique, tonique et stimulante, d'après Belanger ; l'herbe Guérit-Vite de la Réunion, qui contient un principe amer ; la darutine, découverte par Auffray, et diverses huiles essentielles (Vinson et Louvet), le bois amer de Bourbon, Carissa Xanthopicron.

AUNÉE.— Inula helenium L. Synanthérées-Astéroïdées. Plante de 1 à 2 mètres, croissant dans les prairies humides de toute la France, dans les aunaies, d'où lui vient son nom.

Partie usitée.— La racine.

Composition chimique. — Résine âcre, molle et brune ; huile volatile, cire, extrait amer, gomme albumine, fibre ; sels de potasse, de chaux, de magnésie ; hélénine, inuline. L'hélénine, ou camphre d'aunée, est volatile et concrète.

Pharmacologie. — Décoction ou infusion, 15 à 30 p. 1000. Sirop, 30 à 100 grammes. Teinture, 5 à 10 grammes. Vin, 50 à 100 grammes.

Extrait, 1 à 8 grammes. Poudre, 4 à 10 grammes. Entre dans le sirop d'Erysimum et le sirop d'Armoise composé.

ACTION PHYSIOLOGIQUE DES AMERS AROMATIQUES

D'une manière générale, les amers aromatiques sont toniques et sti mulants; c'est à ce titre qu'ils sont employés. Ils excitent l'appétit, favorisent la digestion, rendent plus facile l'exonération du gros intestin et déterminent, à hautes doses, des nausées et des vomissements. Mais, s'ils se rapprochent par ces propriétés des amers purs, ils en diffèrent par leur action sur la nutrition; car, tandis que les amers purs font accroître l'urée ou la laissent normale, les aromatiques amers en modèrent l'excrétion. Ce sont des aliments nervins, dynamophores (Gubler), en ce que par leur principe aromatique (huile essentielle ou résine) ils surexcitent l'énergie et les fonctions nerveuses.

D'après Küss, les combustions sont diminuées ou plutôt rendues plus utiles, d'où encore leur nom d'aliments antidéperditeurs, d'aliments d'épargne. Ils ont donc une double action, un double effet concourant au même but: excitation de l'appétit et perfection de la digestion et de la nutrition. L'acide urique et les premiers produits de la désassimilation sont mieux oxydés et transformés en urée.

Les aromatiques amers ralentissent le pouls et abaissent la température. La caféine, l'Angusture (Cusparia febrifuga), la Camomille, que Trousseau appelait le Quinquina de l'antiquité, amendent réellement la fièvre.

Ils ne sont pas diurétiques, bien que par action tonique ils produisent un fréquent besoin d'uriner; c'est-à-dire que, sous l'influence de ces agents, la quantité d'urine varie peu, mais l'urée s'y trouve diminuée, tout comme l'acide urique et les autres sédiments uratiques (Turabian).

En résumé, ils ne nourrissent pas, mais ils empêchent l'organisme de se dénourrir.

VII. — **AMERS SÉDATIFS**

Cette classe, admise par Guersant, ne l'a pas été par tous les auteurs. Elle nous semble pourtant très-naturelle.

HOUBLON.—Humulus lupulus. Urticées-Cannabinées. Plante vivace, de 3 à 5 mètres. Croît un peu partout en France; se cultive surtout dans le Centre et dans le Nord.

Partie usitée. — Les fruits, que l'on désigne sous le nom de *cônes écailleux* ou *florifères,* ovoïdes, allongés, formés par les sépales et les bractées. A la base de chaque écaille, on trouve de petits fruits (akènes) ovoïdes, légèrement comprimés, entourés d'une poussière granuleuse, d'un jaune verdâtre ou d'un jaune d'or, odorants, qui contiennent le principe actif du cône: c'est le lupulin.

Composition chimique. — Le lupulin contient la lupuline, matière amère, azotée, probablement alcaloïde, mais très-instable et se transformant rapidement en ammoniaque. Huile volatile analogue à l'essence de Valériane, d'odeur de Houblon, et se transformant à l'air en acide valérianique, enfin résine complexe.

Les bractées contiennent: matière astringente âpre, matière colorante inerte, chlorophylle, quelques sels.

Pharmacologie. — Houblon, infusion, 10 gram.; extrait, 0 gr. 30 à 2 gram.; teinture, 2 à 4 gram.; lupulin obtenu par froissement des cônes sur un tamis, 50 centigr. à 2 gram.; teinture, 5 gram.; extrait alcoolique, 30 centigr. à 1 gram.

LAITUE. — 3 espèces: vireuse (qui ne l'est pas), sauvage (Scariole), cultivée (sativa). Synanthérées-Chicoracées.

Plante annuelle, tige haute de 6 à 12 décim.

Partie usitée. — La plante montée en tige et le suc épaissi, ou lactucarium, qu'elle donne à cette époque. La lactucine est un principe amer, neutre, incristallisable, soluble dans l'eau et l'alcool. Résine, cire, huile essentielle, d'odeur vireuse. Mannite, asparagine, albumine, sels.

Pharmacologie. — Eau distillée de laitue (narcotique des enfants), 120 gram., véhicule des potions calmantes ; extrait alcoolique de lactucarium, 20 à 30 centigr.

Sirop, 30 à 60 gram. Huile de graines (celles-ci font partie des quatre semences froides mineures). Feuilles de laitue.

ACTION PHYSIOLOGIQUE DES AMERS SÉDATIFS

1° *Digestion.* — Par leur principe amer, le Houblon et la Laitue sauvage sont toniques et stomachiques, impriment à l'estomac une impulsion favorable ; à hautes doses, il se produit, comme avec les autres amers, de la chaleur à l'épigastre, des nausées et des vomissements.

2° *Circulation.* — La Laitue par son lactucarium, le Houblon par son huile volatile, exercent à la dose de 30 à 40 centigr. une sédation marquée sur le pouls.

Innervation. — C'est surtout sur elle qu'agissent ces amers. Le lupulin à haute dose donne des vertiges, de la céphalalgie et autres phénomènes de narcose ; mais, à faibles doses longtemps continuées, il opère une sédation générale du système nerveux ; il en est redevable à son huile volatile. C'est à ces propriétés que l'on attribue la placidité, le calme et peut-être aussi l'esprit nuageux des buveurs de bière.

Quant à la Laitue, les anciens avaient l'habitude d'en manger le soir pour se procurer un sommeil calme. Dioscoride, Galien, Celse, la placent à côté de l'opium ; cependant il faut en rabattre beaucoup. Si l'eau de Laitue est un calmant et un narcotique léger pour les enfants, Aubergier ne parvient à donner à son sirop des propriétés hypnotiques qu'en l'associant un peu à l'opium.

Enfin le lupulin est employé avec succès contre les érections nocturnes de la blennhorrhagie, contre les pollutions nocturnes. On a même prétendu que l'usage de la bière rendait les buveurs peu prolifiques.

VIII. — AMERS SPASTIQUES OU HYPERCINÉTIQUES

Nous dirons ici, avec M. le professeur Gubler, que les amers hypercinétiques ne diffèrent à vrai dire des amers purs, sous le rapport de leurs propriétés organoleptiques, que par la violence de leur amertume, qui d'ailleurs est sans mélange d'astringence, de saveur aromatique ou d'arrière-goût nauséabond (in *Dict. encycl.*). On sait de plus que le quassi amer, la doundakine en injections hypodermiques et le Simarouba élevé, ont produit des convulsions et la mort. On pourrait donc concevoir les amers purs et les hypercinétiques comme formant une série graduée, dans laquelle on passerait du plus innocent au plus toxique par des nuances intermédiaires (Gubler, *Comm.*, p. 313).

Les amers spastiques présentent tous la même analogie d'action, dont ils sont redevables en grande partie au même principe alcaloïdique, la strychnine, découverte en 1867 par Pelletier et Caventou, et qui est le principe actif de diverses plantes de la tribu des Strychnées, f. des Logoniacées, plantes dont les plus connues sont :

LE VOMIQUIER.—Strychnos nux vomica, arbre assez grand, qui croît dans l'Inde, en Cochinchine, à Ceylan. Les parties usitées sont les graines ou noix vomiques, qui contiennent : lactate de strychnine et de brucine, gallate de brucine, igasurine, huile concrète, cire, matière colorante jaune, amidon, bassorine, fibres végétales, sels. L'écorce est connue sous le nom de *fausse Angusture*.

La strychnine est un alcaloïde incolore, cristallisant en prismes ou en octaèdres, très-amer, peu soluble dans l'eau, presque insoluble dans l'alcool pur et dans l'éther, très-soluble dans l'alcool à 90°, le chloroforme et certaines huiles volatiles.

La brucine est, sous forme d'écailles nacrées, peu soluble dans l'eau, soluble dans l'alcool et dans l'éther. Serait douze fois moins active que la strychnine.

L'igasurine est un produit mal défini. D'après Schutzenberger, neuf alcaloïdes seraient confondus sous ce nom. Elle est incolore, très-amère, soluble dans l'eau, le chloroforme et l'éther. Son action serait plus faible que celle de la strychnine, supérieure à celle de la brucine.

Pharmacologie.— Poudre de noix vomique, 3 à 6 décigrammes par jour. Peu employée. Teinture (très-employée), 5 décigrammes à 2 gr. Extrait alcoolique, 2 à 20 centigrammes en pilules, et au delà à doses croissantes.

Fait partie de la poudre de Hufeland.

Le VOMIQUIER AMER. — Strychnos Ignatii, Ignatia amara L. Fève de Saint-Ignace. Noix Igasur. Logoniacées.

Plante grimpante. Iles Philippines. Cochinchine.

Partie usitée. — Les graines ou fèves de Saint-Ignace.

Composition.— Lactate de strychnine, cire, huile concrète, matière colorante jaune, gomme, amidon, bassorine.

Les fèves de Saint-Ignace renferment trois fois autant de strychnine que les noix vomiques.

Pharmacologie.— Gouttes amères de Baumé.

Le STRYCHNOS TIEUTÉ. — Végétal ligneux et grimpant; croît dans les forêts vierges des Moluques et des îles de la Sonde. Avec le suc (upas, tieuté) les naturels empoisonnent leurs flèches.

Le BOIS DE COULEUVRE. — Strychnos colubrina.

Le HOANG-NAN. — Strychnos gantheriana. Logoniacées. Tonkin. Importé en France, en 1879, par le missionnaire Leserteur; renferme strychine et brucine.

ACTION PHYSIOLOGIQUE DES AMERS HYPERCINÉTIQUES

Voici, résumée en peu de mots, l'action de ces amers, d'après Gubler:
Dans un premier degré, la noix vomique est tonique et diurétique.

Dans un second degré, elle devient convulsivante, mais ces convulsions sont interrompues ou même ne se produisent qu'à l'occasion de
mouvements voulus.

Dans un troisième stade, il y a tétanos, asphyxie et mort. (Gubler,
Comm., p. 251.)

La noix vomique est un amer héroïque, qui peut, à faibles doses,
remplir toutes les indications des médicaments de cette classe.

INDICATIONS, CONTRE-INDICATIONS
ET MODES D'ADMINISTRATION DES AMERS

D'après M. le professeur Hirtz, les indications générales sont au
nombre de deux :

1° L'affaiblissement primitif de la fonction digestive ;
2° La débilité générale, suite d'une nutrition insuffisante.

Mais des indications secondaires se tirent de l'état spécial du malade : anémie simple ou symptomatique de diverses lésions qui nécessiteront l'emploi de telle ou telle de nos classes d'amers. Veut-on traiter une diarrhée, c'est un amer astringent qui conviendra ; une dyspepsie avec constipation, on choisira un amer laxatif, etc. Nous allons mieux
préciser, en donnant les applications thérapeutiques.

7

Pourtant, disons auparavant qu'on a reconnu à ces agents des contre-indications dont il faudra tenir compte : il faut les exclure toutes les fois que la langue est rouge ou chargée, et qu'une irritation locale ou fébrile se manifeste. Ainsi formulée, cette exclusion est trop absolue. Nous ne prescrirons pas les amers dans une fièvre essentielle, n'ayant aucune raison alors pour exciter l'appétit et le rétablissement des sécrétions digestives, dont le tarissement est intimement lié à l'état fébrile. Mais, que la langue soit très-chargée et l'état fébrile manifeste, et que ces deux symptômes soient liés à un état de gastrite catarrhale chronique, par exemple, le meilleur moyen de les modifier sera de s'adresser à l'estomac, cause du mal, et de chercher à le stimuler par les amers. C'est ainsi que Trousseau et Pidoux ont employé, avec succès, le Colombo pour combattre les phénomènes fébriles liés à des troubles fonctionnels de l'estomac et de l'intestin, tels que chaleur à l'épigastre, nausées et diarrhée.

Le médicament n'est rien, a-t-on dit, la médication est tout. Si cet axiome peut s'appliquer justement, c'est bien dans le cas qui nous occupe. Employés comme amers, ces divers agents ne seront guère administrés en dehors des repas. Une seule circonstance permettra d'enfreindre cette règle : c'est quand la soif du malade rendra nécessaire une boisson habituelle ; dans ce cas, les infusions amères auront la préférence, parce que ce sont justement celles dont on boit le moins ; grâce à l'excitation salivaire, elles calment parfaitement la soif ; enfin, par elles-mêmes, elles fatiguent moins l'estomac que ne le ferait un liquide non amer.

En dehors de ce cas, « c'est au repas que les amers seront administrés. Veut-on augmenter l'appétit, on les donnera avant le repas, demi-heure à une heure environ. Veut-on favoriser la digestion, c'est pendant ou après l'ingestion des aliments que les amers seront prescrits. » (Rabuteau.)

On le voit, le mode d'administration et le moment ne sont pas sans importance, et un médecin attentif aura soin de le bien indiquer à son malade.

Nous ajouterons encore une recommandation : lorsqu'on croira à propos de prescrire un amer, surtout alcoolique (vin), dans des cas d'irritation stomacale, il faudra toujours le faire prendre après le repas, afin que la stimulation gastrique soit moins forte.

Que dire enfin de la préparation ? Toutes sont bonnes, mais il faudra dans nos prescriptions tenir compte du goût des malades et de leur susceptibilité ; bien des personnes manifestent pour les amers une répugnance invincible. A ceux-là éviter de prescrire les infusions ou décoctions ; mais donnons les poudres ou les extraits, enveloppés de pain azyme, dissimulés dans la confiture ou en pilules. Heureusement l'amertume agit, comme nous l'avons dit, sur l'estomac, et nous n'avons pas un besoin indispensable de la sensation sapide.

Avant de passer aux applications thérapeutiques des amers, nous croyons devoir dire un mot des apéritifs, en faisant remarquer toutefois que nous ne soulevons la question qu'au point de vue colonial.

Nous rangeant ici sous l'autorité d'un maître, nous dirons avec lui :

« Dans un pays où pendant plusieurs mois, sinon toujours, l'estomac est paresseux et l'anorexie la loi commune, la question des apéritifs a une actualité notable. Si on ajoute à cette tentation de l'estomac les sollicitations de la vie commune, les entraînements des camarades, des conditions même du service qui mettent au contact à chaque instant les arrivants ou les partants avec les sédentaires, on comprend que ceux qui ne font pas usage des apéritifs avant le repas sont la grande exception, ce qui est une très-fâcheuse chose à mon avis, car je voudrais voir supprimer tout à fait cette triste coutume, qui n'est en somme qu'une prime à l'alcoolisme et à l'intempérance.

» Les principaux apéritifs dont on fait usage sont : l'absinthe, le vermouth, les divers amers alcooliques, comme le bitter par exemple, le vin de quinquina et mille autres combinaisons aussi pernicieuses les unes que les autres, qui se recommandent par des étiquettes fallacieuses, par des affirmations absolument fausses, et qui, tout en promettant joie et santé aux dupes qui s'y laissent prendre, ne leur apportent que douleur et maladie.

» Je n'hésite pas un instant à condamner tous ces apéritifs, au nom de l'hygiène....» (Bérenger-Féraud, *Maladies des Européens au Sénégal; Apéritifs*, t. II, p. 472.)

Nous partageons sur bien des points cette manière de voir; mais nous nous permettrons cependant de faire une exception en faveur de l'absinthe, dont nous avons été à même d'observer les effets, pendant un séjour de deux ans à la Guadeloupe.

Toutes les absinthes communes contiennent, outre l'absinthe maritime, des plantes à essence, telles que le cumin, l'anis, la coriandre, la mélisse, le fenouil, etc., qui ajoutent leurs propriétés enivrantes et céphaliques à celles de l'absinthe.

Nous voulons parler ici de l'absinthe telle qu'on la prend à la Guadeloupe et aux Antilles, et qui nous paraît avoir des effets moins pernicieux que l'absinthe commune, dont l'usage, d'ailleurs, est très-peu répandu dans nos possessions d'Amérique.

D'abord voici comment on prépare l'amer des Antilles. On prend des sommités fraîches et non fleuries d'absinthe maritime, une poignée environ, et l'on met à macérer dans un litre de tafia blanc à 60°. Ces sommités sont vendues journellement sur les marchés de la Pointe-à-Pitre et de la Basse-Terre. La macération a lieu en plein soleil et dure vingt-quatre à quarante-huit heures. On filtre ensuite, et on obtient un liquide d'une très-belle couleur émeraude et d'une amertume franche très-grande.

Les créoles boivent cet amer de la manière suivante : ils emplissent de la liqueur un verre à bordeaux et l'absorbent d'un trait. Immédiatement après, ils boivent un grand verre d'eau.

Nous devons avouer que cette façon d'absorber l'amer est mauvaise pour le nouvel arrivant, mais on s'y habitue peu à peu et on finit par trouver très-agréable cette manière de procéder. En effet, à un liquide sec et brûlant, et doué en outre d'une grande amertume, succède l'impression délicieuse d'un liquide aqueux. L'eau, à quelque température qu'elle soit, paraît fraîche.

Aujourd'hui, les Antilles sont abondamment pourvues de glace naturelle, qui arrive des États-Unis; mais il n'en était pas de même autrefois, et nous pensons que c'est de cette absence d'eau fraîche qu'est née la coutume de prendre l'amer comme nous venons de l'indiquer, coutume qui continue de nos jours.

Nous n'approuvons pas cette manière d'agir, car nous savons qu'au point de vue de l'impression sur l'estomac, il n'est pas indifférent que le liquide alcoolique soit coupé d'eau avant son absorption : autre chose, en effet, est de boire un verre de vin, puis un verre d'eau; autre chose est de boire la même quantité de vin mélangée préalablement dans un verre d'eau. Aussi avons-nous vu, alors que nous étions à la Guadeloupe, un grand nombre de personnes adopter la façon de procéder suivante :

Mettre un verre à bordeaux d'amer dans un grand verre d'eau et boire à petits coups. On évite ainsi l'impression trop vive d'un liquide alcoolique sur la muqueuse stomacale.

Nous savons parfaitement qu'un homme qui se porte bien n'a pas besoin de stimulant pour son appétit, et que tous les prétendus apéritifs diminuent l'appétit plutôt qu'ils ne l'augmentent. Nous ferons observer pourtant que, dans les pays intertropicaux, l'appétit, sous l'influence de la chaleur, diminue toujours, et que l'on cherche à le stimuler par une boisson quelconque.

Or l'amer des Antilles nous paraît être le moins mauvais des apéritifs. D'après sa composition, nous voyons, en effet, qu'il contient un alcool pur et de l'absinthe maritime.

Le tafia des Antilles, produit de la distillation des mélasses et autres résidus de la canne à sucre, est un alcool bon goût et d'une grande pureté. Il est très-bon marché dans le pays, car il ne coûte que 40 à 50 centimes le litre, et les colons n'ont pas intérêt à le frélater. L'absinthe maritime est d'un prix insignifiant; elle cède à l'alcool sa matière colorante et son amertume, et très-peu d'huile essentielle. Lorsque, dans un verre d'amer, on verse de l'eau goutte à goutte, on ne voit pas se produire ce trouble lactescent de l'absinthe ordinaire, trouble qui prouve que les huiles essentielles solubles dans l'alcool ne le sont pas dans l'eau.

Nous avons donc dans l'amer des Antilles une boisson qui se rapproche des préparations officinales de l'absinthe et qui doit jouir des mêmes propriétés thérapeutiques.

Les observations que nous avons faites nous portent à penser que l'amer des Antilles a moins d'inconvénients que les autres boissons alcooliques du commerce (vermouths, absinthes, bitters, etc.) et présente quelques avantages.

La Pointe-à-Pitre est la ville de la Guadeloupe la plus exposée au paludisme; elle est entourée de marais sur la plus grande partie de son étendue. Eh bien! nous avons vu la plupart de ceux qui faisaient un usage quotidien de l'amer être indemnes de fièvres. Un d'eux nous disait que l'amer était encore son meilleur préservatif lorsqu'il allait chasser le gibier d'eau à travers les palétuviers de la Rivière Salée, qui est aux portes de la Pointe-à-Pitre.

Nous croyons donc que l'amer des Antilles, pris avec modération immédiatement avant le repas et coupé d'eau, est une boisson qui peut rendre des services dans l'atonie de l'estomac, si fréquente dans les pays chauds, et comme préservatif de la malaria. Sa grande amertume empêche qu'on ne prenne de l'amer en trop grande quantité. Rares, en effet, sont les buveurs qui prennent plus d'un ou deux verres d'amer avant leurs repas. Les alcoolisants, et ils sont nombreux dans les Antilles, ne le deviennent qu'à la suite de l'ingestion immodérée de tafia, boisson qui est d'un prix très-modique.

L'usage de l'amer est très-répandu à la Guadeloupe: chaque famille en fabrique pour son usage personnel, ce qui tendrait à prouver que son emploi provoque peu d'accidents.

APPLICATIONS THÉRAPEUTIQUES DES AMERS

1° MALADIES DES VOIES DIGESTIVES

Depuis le travail de MM. Buckeim et Engel, on admettait généralement que les amers :

1° N'exercent aucune action sur la transformation de l'albumine en peptone, et 2° s'opposent à la fermentation.

C'est grâce à cette propriété que, suivant les auteurs ci-dessus, les amers agiraient si·favorablement sur certaines maladies de l'appareil digestif.

Pour M. Tschelzoff, au contraire :

1° Les amers ne diminuent pas, mais activent la fermentation ;

2° Plus les doses d'amer sont considérables, plus est grande l'intensité de la fermentation ;

3° Parmi les extraits qui ont été expérimentés, ceux de Cascarille et de Gentiane favorisent la fermentation ; par contre, les extraits de Colombo, de Quassia, de Ményanthe et d'Absinthe n'agissent pas sur elle ;

4° La fermentation est toujours plus active sous l'influence des amers purs (quassia et cétrarine). ·

5° La putréfaction du sang et de l'urine est activée lorsqu'on les soumet à l'influence des amers.

En présence de ces deux opinions contraires, qui sont la conséquence d'expériences faites pour la plupart *in vitro* ou sur les animaux, nous nous contenterons de signaler les principaux résultats cliniques que nous avons recueillis dans les auteurs les plus autorisés.

a) Catarrhe chronique de l'estomac.—Gastrite catarrhale chronique. Embarras gastrique chronique ou habituel. Maladie bien caractérisée : la langue est chargée, saburrale. Comme elle est le miroir de l'estomac et on peut dire de l'intestin, utilité des vomitifs, des évacuants, et modificateurs topiques. On emploiera les amers purs ou laxatifs, car il y a ordinairement constipation (Quassia, Gentiane, Centaurée, Boldo, Doundaké, Chicorée, etc.). Ils agissent en augmentant les sécrétions qui étaient diminuées ou nulles (eupeptiques de Rabuteau), et aussi en stimulant les contractions, car on sait que les muscles sous-jacents aux muqueuses enflammées même chroniquement sont parésiés (Stokes). D'ailleurs l'augment des contractions fait sourdre le suc des glandes. C'est dans ces cas surtout que la noix vomique est utile.

b) Catarrhe chronique de l'intestin.— Se traduit au contraire par de la diarrhée. Phénoménisation : grondements intestinaux, météorisme, irritabilité au début, plus tard atonie. Nous aurons recours aux amers astringents (Quinquina, Simarouba, Olivier, Frêne, Chêne, Andrèze, Acajou-mahogon, Acore odorant, Wachwachor, décoction d'écorce de Saule). Y ajouter dans la période irritative le Colombo, amer mucilagineux de Shraff, ou les amers sédatifs (Houblon, Laitue). Plus tard, au contraire, conviendraient les amers stimulants, Ombellifères et Labiées amères (Angusture, Sauge, Mélisse, Cascarille, Germandrée, etc.)

e) Dyspepsies.—Peuvent être considérées suivant leur origine étiologique (goutteuse, dartreuse, arthritique), et nous nous en occuperons plus tard. Nous devons dire que, dans ce cas, les amers sudorifiques et diurétiques conviendraient. Il vaut mieux les considérer au simple point de vue des maladies de l'estomac, suivant leur prédominance symptomatique : dyspepsie atonique et flatulente, dyspepsie irritative ou acide, dyspepsie par défaut de sucs digestifs, ou apepsie. A ces trois groupes conviennent les amers, mais nous devons spécifier les indications particulières.

A la dyspepsie atonique opposer les amers purs, les astringents même, s'il n'y a pas une trop forte constipation ; les donner avant et pendant les repas : Quassia, Gentiane, Doundaké, Boldo, Ombellifères et Labiées (carminatifs); quelquefois Quinquina ou Cannelle.

A la dyspepsie irritative, qui ressemble singulièrement aux symptômes produits par l'abus ou l'excès des amers (pyrosis, aigreurs, défaillance, contractions), les amers conviennent bien peu. Si pourtant on les prescrit, il faut les administrer après le repas et choisir de préférence les sédatifs et les astringents.

Contre la dyspepsie apeptique, employer les amers purs et en infusion; l'infusion aura pour effet de faire sécréter de la salive et éviter les acides carbonique, butyrique, produits de leur vicieuse ou lente transformation, puis elle stimulera la sécrétion gastrique et hâtera l'évolution des albuminoïdes, ainsi que la transformation en glucose du saccharose formé, qui fermente aussi s'il n'est pas absorbé rapidement. Dans ces cas, donner les amers avant et après le repas. (Guès.)

d) Gastralgie.— Trop souvent confondue avec la dyspepsie, la gastralgie est la névralgie de l'estomac. Affection très-douloureuse et heureusement fort rare. Mais elle peut entraîner la dyspepsie ; toutes deux du reste sont compagnes de la diathèse arthritique. Alors amers sédatifs, quand on croira devoir en prescrire, et, en cas de diathèse, les amers diaphorétiques et diurétiques.

e) Dysenterie chronique. — Columbo. Les amers astringents déjà signalés.

f) Vers intestinaux. — Tous les amers ont été employés chez les enfants. Quelques-uns réussissent bien : le Quassia est mortel en lavements pour les ascarides et les oxyures : le tœnia n'est pas influencé par les amers. On peut avantageusement les associer aux vermicides.

2° MALADIES CIRCULATOIRES ET GÉNÉRALES

a) Fièvre intermittente. — Ce sont les amers diurétiques (Persil, Alkekenge) et les amers aromatiques (Camomille, Angusture, Café) qui ont été le plus employés. Aujourd'hui toutes ces substances sont remplacées par le Quinquina.

Disons un mot. Autrefois on ne le donnait qu'après le septième accès, pour deux motifs : l'un théorique, c'est que la fièvre était un mouvement d'ébullition, qui provoquait la coction et l'évacuation des humeurs et devait être respectée dans de certaines limites ; l'autre pratique, c'est que bien des fièvres saisonnières guérissaient avant le septième accès. Aujourd'hui on connaît le danger de l'expectation, et on agit. Dans les formes graves des fièvres palustres, on ne donne le Quinquina qu'à défaut de quinine. Dans les fièvres quotidiennes, tierces, quartes, il est bon de le donner, parce qu'on a souvent affaire à des fièvres récidivées, anciennes, où l'on a reconnu bien souvent l'impuissance de la quinine, qui finit par s'user. Dans les fièvres rebelles à la quinine, il faut également l'administrer : c'est là son triomphe, car la quinine a ses heures de défaillance, comme dit Delioux, et le Quinquina la supplée. Dans la cachexie paludéenne, il vient à bout, employé en masse, des désordres de toute sorte : anémie profonde, engorgements abdominaux, hydropisie, faiblesse générale amenée par la lente et persistante influence palustre (Delioux).

Revenons à l'Angusture. Les Anglais, de Humboldt, Alibert, ont vanté l'Angusture, qu'ils préféraient au Quinquina. Fonssagrives lui reconnaît avec lui une grande ressemblance thérapeutique. On sait aujourd'hui que l'association de ces deux agents a un pouvoir fébrifuge supérieur à celui du Quinquina isolé. Stohl était un partisan de l'Angusture contre les fièvres. Elle abaisse le pouls (Rabuteau).

Outre la renommée la plus ancienne, la Camomille a été patronnée par des noms tels que ceux de Morton, Hoffmann, Trousseau (Quinquina de l'antiquité.)

Le Persil, l'Alkekenge ont été employés avec succès dans les campagnes comme fébrifuges. Quant au Fedegosa (Cassia occidentalis), voici les conclusions du travail de M. le professeur Heckel, in *Arch. de médecine navale*, tome XLVIIe, p. 374) :

« En somme, le M'Bentamaré ou Fedegosa manifeste dans ses graines des propriétés hautement fébrifuges. Ce fait résulte sans conteste des observations de Delioux de Savignac, Dubonne et Cloüet, confirmées par celles, plus concluantes sinon plus nombreuses, dues au professeur Feris. Ces vertus antipériodiques peuvent même, dans quelques cas, se mesurer avantageusement avec celles de la quinine, et même se faire jour dans certains cas où l'alcaloïde des Quinquinas a complétement échoué. Le moindre doute ne saurait subsister sur ces divers points..... »

Quant au Doundaké, qui passait, il n'y a pas longtemps, pour être fébrifuge, il ne possède aucune propriété antipériodique. C'est un amer et rien qu'un amer. Nous devons ce renseignement à l'obligeance de M. le Dr Charriez, qui l'a expérimenté dans son service au Sénégal, et à notre collègue et ami Sambuc.

Il est bien évident que nous ne pouvons pas révoquer en doute les témoignages des médecins tels que ceux que nous avons cités, et, pour notre compte personnel, nous croyons à la guérison des fièvres intermittentes par les amers dits fébrifuges. Nous y croyons d'autant plus que nous nous expliquons bien leur action : tonification du système nerveux et de l'état général déprimé par la fièvre et par le paludisme. Il n'y a pas là d'action mystérieuse.

b) Goutte. — Galien les employait et Cullen les regardait comme les antidotes de cette maladie. Linné lui-même considérait les amers comme pouvant fondre la pierre. On sait que l'Alkekenge entre dans la composition de la liqueur et des pilules de Laville. Le Café a été prescrit aux goutteux. La Gentiane entre dans le remède du duc de Portland.

Comment nous rendre compte de leur action ?

Garrod a montré la caractéristique de la goutte : diathèse uratique. Mais n'est pas goutteux qui veut ; la goutte est un vice de nutrition. Or Rabuteau a montré que l'Angusture diminue l'urée, l'acide urique, les urates, et abaisse le pouls. Donc elle agirait comme s'opposant au vice de la nutrition, qu'elle perfectionne. Mais ne pas oublier qu'il faut aider à cette action par le régime, et il est probable que les malades de Cullen, qui ont beaucoup fait usage de la poudre Portland pendant deux ans, ont dû s'abstenir aussi de certains mets.

De plus, les amers ont des effets diurétiques, fondants, désobstruants. Donc, contre la diathèse goutteuse, choisir les amers diurétiques et stimulants, ou d'épargne, Persil, Alkekenge, Busserole, Quinquina, ce dernier surtout dans la goutte chronique.

c) *Hydropisies.* — Maladies des reins, du foie, du cœur, mais surtout hydropisies par anémie, ascite, œdème, anasarque.

Une seule condition, c'est que le rein puisse obéir à l'excitation. Dans les autres cas, on emploiera le Genièvre en fumigations ou les amers sudorifiques.

Dans la cachexie cardiaque, par exemple, ils ont l'avantage de ne pas fatiguer l'estomac, mais, au contraire, de faire coup double en stimulant la digestion, en même temps qu'ils débarrassent l'économie du liquide qui la gêne. Choisir les amers diurétiques et sudorifiques, les unir aux amers purs ou aromatiques, Busserole et Genièvre surtout.

d) *Cachexies diverses.* — Dans la scrofule, le lymphatisme, nous emploierons, et à bon droit, comme modificateurs, le Quinquina et les amers purs. Dans la syphilis, les amers combattent la tendance anémiante de cette maladie. Ils sont d'une utilité incontestable dans la tuberculose; ils combattent la déperdition lente de l'organisme, la fièvre hectique, les vomissements, les sueurs. Enfin leurs bons effets sont universellement reconnus dans le rachitisme et le scorbut.

e) *Anémie, chlorose.* — Les amers, et en particulier le Quinquina, remédient aux appauvrissements du sang. Nous avons dit plus haut que le Quinquina augmente la plasticité du sang en activant l'hémopoïèse (Gubler). Il raffermit et recolore les chairs, rend la vigueur et l'énergie aux organes et aux fonctions. Il est mieux supporté que le fer et et aide même à tolérer celui-ci.

f) *Hémorrhagies.* — On a accusé les amers, et le Quinquina surtout, de provoquer l'hémoptysie, la ménorrhagie, ou de les augmenter quand ils étaient prescrits contre elles. Ici se rappeler qu'ils ne conviendront que dans le cas où l'écoulement sanguin sera dû à une hypoglobulie, à l'anémie ou dans certains cas d'hémorrhagies non irritatives, entièrement dues à un affaiblissement général. Mais, dans les tubercules avec éréthisme, dans la chlorose de même caractère, ils deviendront des stimulants de la circulation et seront formellement contre-indiqués.

g) Névroses, névralgies.— Ici c'est l'élément anémique qui réclame les amers. Nous emploierons dès lors, indépendamment des soins de l'hygiène, les toniques fébrifuges, les aromatiques amers (Café, Cannelle, Gentiane, etc.).

h) Rhumatisme.— Les amers sont tout indiqués pour combattre la débilitation, la constitution détériorée par cette maladie si anémiante. Aussi les emploierons-nous dans la convalescence du rhumatisme, pour prévenir de nouvelles attaques.

i) Enfin dans toutes les fièvres à caractère adynamique, lorsque l'élément malin (Montpellier) est venu se surajouter à une maladie déterminée, les amers, le Quinquina et le Café surtout, doivent être employés. (Pneumonie, ataxie des vieillards, fièvre typhoïde, typhus, fièvre jaune, choléra, peste, érysipèle. Jaccoud : vin de Quinquina, 100 grammes.) Les fièvres éruptives ne comportent pas l'usage des amers.

j) Dans les infections putrides et purulentes, les gangrènes, etc., ils sont d'une utilité incontestable.

3° MALADIES CUTANÉES

Ces maladies, d'après Guéneau, ont des relations avec l'arthritis, présentent une certaine parenté avec la dartre. Les goutteux, les dyspeptiques, les personnes qui souffrent de migraines, sont fréquemment atteints, dans l'intervalle de leurs attaques, de maladies cutanées, souvent manifestations de la dartre et de l'arthritis. Turabian (de Césarée) a vu un acné se modifier et disparaître pendant l'emploi des amers purs ; ces agents seraient donc utiles, en modifiant la nutrition comme ils le font dans la goutte. D'ailleurs, tous contiennent des principes qui s'éliminent par la peau et qui nous expliquent ces bons effets. Mais les plus utiles à ce point de vue seraient certainement les sudorifiques : Salsepareille, Squine, Saponaire, Pensée.

Comme nous l'avons déjà dit, on ne peut révoquer en doute les observations des anciens, et ce n'est pas sans raison que les sirops de Cuisinier, de Mittre, Boyveau, ont acquis leur réputation. Impuissants contre la syphilis, ils peuvent en modifier les manifestations cutanées ; mais il vaut mieux s'adresser à la cause du mal. Dans les maladies cutanées non syphilitiques, et contre lesquelles nous ne possédons pas de spécifiques, les amers diaphorétiques, dits *dépuratifs*, pour les raisons que nous avons indiquées ailleurs, seront utilement employés.

On sait que le vulgaire regarde les amers comme rafraîchissants et utiles dans toutes les maladies cutanées. Il n'a pas tort (les maladies cutanées se relient aux diathèses, ainsi que les dyspepsies ; les amers sudorifiques ont donc une double indication).

4° MALADIES DES ORGANES GÉNITO-URINAIRES

Leucorrhée. — Rabuteau et Turabian citent des guérisons certaines. Maladies sous l'influence de l'anémie, des dartres. Les amers agissent donc de deux façons ; de plus, les amers astringents diminuent la circulation et les sécrétions.

Aménorrhée. dysménorrhée. — On sait que les amers stimulants sont emménagogues. L'Armoise a une action spéciale sur l'utérus. Employer le Quassia, la Simarouba, l'Angusture.

Spermatorrhée. — Amers sédatifs, Houblon surtout.

Cystites. — Amers diurétiques.

5° MALADIES RESPIRATOIRES

Tous les amers ont une résine qui peut modifier les muqueuses; aussi sont-ils utiles contre les catarrhes et les écoulements muqueux résultant de l'atonie des organes(bronchite chronique, bronchorrhée). Enfin, comme astringents, ils tarissent la sécrétion des muqueuses. N'oublions pas que souvent aussi les catarrhes sont dus à un état dia-thésique arthritique.

CONCLUSION

Que conclure de notre travail? A notre avis, nos conclusions sont comprises dans les applications thérapeutiques des amers, qui consti-tueront pour le médecin une gamme dans laquelle il pourra choisir l'agent qui convient à la note qu'il voudra donner.

INDEX BIBLIOGRAPHIQUE

MÉRAT et DELENS. — Diction. de thérap., t. I, 1829.

GUILLEMIN. — Thèse sur l'amertume des végétaux. (Paris, 1832.)

GUERSANT, GALTIER-BOISSIÈRE. — Dictionnaire de médecine, 1833. Paris. — Dictionnaire en 30 volumes.

BOUCHARDAT. — Thérapeutique.

RABUTEAU. — Traité de thérapeutique et de pharmacologie.

MARTIN-DAUCOURETTE, TROUSSEAU et PIDOUX. — Traités de thérapeutique et de matière médicale.

DICTIONNAIRE encyclopédique des sciences médicales (art. *Amers*, t. III, p. 629).

DICTIONNAIRE de médecine et de chirurgie pratiques (t. II, Hebert et Hirtz).

CORRE et LEJANNE. — Abrégé de la matière médicale exotique. (Paris, 1887.)

CORRE. — Flore et Faune du Rio-Nuñez. (Archives de médecine navale, tome XVI, p. 26.)

HECKEL et SCHLADGENHAUFFEN. — Du Doundaké et de son écorce. (Arch. de méd. nav., t. XLIV, p. 447-449.)

— Du M'Bentamaré ou Fedegosa (Cassia occidentalis. (Arch. de méd. nav., tomes XLVI et XLVII.)

DUJARDIN-BEAUMETZ. — Leçons de clinique thérapeutique et d'hygiène alimentaire.

REVUE des sciences médicales de Hayem, t. XXIX, p. 499.

BULLETIN de thérapeutique de 1886. (Revue de thérapeutique étrangère, par le docteur Bœhler.)

PUBLICATIONS ALLEMANDES.— De l'Influence des amers sur la digestion et l'assimilation des matières albuminoïdes, par M. Tshelzoff. — Centralblatt für die medicinishen Wissenschaften, 1886.

GERMAIN SÉE. — Leçons d'hygiène alimentaire.

BERÉNGER-FÉRAUD. — Maladies des Européens au Sénégal, t. II, p. 472; t. I, p. 580.

TURABIAN. — Étude expérimentale sur les amers. Thèse de Paris, 1871.

O'REVEIL. — Formulaire des nouveaux médicaments.

DUVAU. — Thèse de Paris, 1886.

9

Rulland. — Thèse Montpellier, 1856.

G. Planchon. — Journal de pharmacie et de chimie, 1e série, t. XXII. Etude sur les Pareiras.

Griesebach. — Flora of the british west-indian Islands.

Bardet et Egasie. — Formulaire annuel des nouveaux remèdes. Paris, 1888.

Guibourt. — Histoire naturelle des drogues simples.

Héraud. — Dictionnaire des plantes médicinales.

Fonssagrives. — Traité de thérapeutique.

Nottnhagel et Rossbach. — Thérapeutique.

(Voir, dans le cours de la thèse, les ouvrages signalés.)